縫隙中的花草世界

スキマの植物の世界

塚谷裕一　著
許展寧　譯

好讀出版

街頭小明星，終於出頭天！

看到《縫隙中的花草世界》這本書，真是既驚喜又佩服，心裡默默
對著人行道旁的雜草們說：「你們終於出頭天了！」

縫隙中的花草，過去對我而言，就像家中早已視而不見、卻理所當然存在的家具一樣——平常走在路上，看見它們、卻沒意識到它們的存在。也有人甚至對縫隙中的花草沒好感，看到，就想除之而後快！

直到有一年，我到某個寒帶國家出差，那裡土壤非常貧瘠又正好遇到嚴冬，走在路上，視野所及只有灰濛與枯黃色調，當時還意識不到少了什麼，只覺得真是個讓人傷感的地方啊。回到臺灣一出機場，我才發現原來是少了「綠意」。臺灣的馬路、人行道的縫隙與角落，隨隨便便都可以瞥到綠色植物。

有屋簷遮蔭的牆角近地面處，經常長出如絨布般的青苔，早上時綠綠的，到中午時就變成黃綠色，不過不用擔心，隔天早上它就又神采奕奕了。巷弄間磚造圍牆的縫隙更是精采，小葉冷水花常出沒在磚牆縫隙之間有青苔與塵土累積的凹面，它的葉子是如此精緻，總讓我忍不住蹲下來觀賞一番。

構樹的小苗則「又」長在圍牆與馬路的交接面，附近居民看到構樹的第一個反應就是直接拔掉，但不用擔心，過一陣子，附近又會長出新的構樹苗，每次看到這些構樹，我都會想到電影《功夫》裡面的臺詞：「殺了一個我，還會有千千萬萬個我！」

從縫隙中長出的花草，我看過非洲鳳仙、鬼針草、假吐金菊、馬齒莧、牽牛花、車輪草……還有許多根本認不得的。但讓我印象最深刻的是，看見車道與住宅外牆之間長出了油菜花，而且還不小棵，完全就是可以採收的模樣。

自從有了市民農園開始種菜之後，我就更佩服這些縫隙中的花草了。菜園裡面的蔬果，總有人定期澆水、施肥、幫忙除草，呵護備至，因此菜菜們能夠順利成長也就不令人意外。

生長於水泥牆縫隙的寶蓋草，2009年3月24日攝於愛知縣

　　而這些縫隙中無人聞問的花草，沒人施肥澆水，為什麼你們還可以長得這麼漂亮、這麼茁壯呢？我在《縫隙中的花草世界》一書還看到，已經茁壯到兩層樓高的「龍柏」、根系被夾在水泥的分隔島及水泥路面之中，卻仍姿態優雅、堅毅的存在著。也看到我們的配菜好夥伴「小茴香」，從電線桿旁的地面縫隙竄出，且因長得極具詩意而免於被除掉。還有十分親切的「臺灣百合」，也被作者記錄了下來。

　　這些活生生的實證讓我體會到，在硬邦邦的水泥地表之下，實有著土壤及豐富的生態系。雖然一開始只是一顆小小的種子，當它抽芽，莖往亮光處上竄，根往土壤深處鑽，就可以靠自己的力量找到資源。本書作者提到，「縫隙的空間乍看狹窄，但裡面的世界其實十分寬廣」，這是真的。你知道嗎？在水泥地底之下，植物的根系正與土壤的微生物忙碌的交換著養分與水分呢！

　　《縫隙中的花草世界》也正呼應我們現在所處的時代。氣候正劇烈變遷、環境也出現警訊，我們就如同這些花草，在嚴苛的縫隙中求生存，閱讀著這些縫隙花草，不僅能對花草有更多認識，心中也不免振奮了起來！

林黛羚

林黛羚，綠色帶路人。記錄住居及生活態度，並以友善樂齡、回歸生活本質的觀點設計改造住家。著有《想住一輩子的家》等書。部落格《好宅好人好生活》。

縫隙中的
花草世界
目次

2014年5月25日攝於沖繩縣

植物，是能生活在縫隙中的生物。

無論是水泥牆的裂痕、柏油路的裂縫，還是石牆的間隙……
都市各個角落看得到的縫隙，總能聽見植物正在為生命謳歌。

它們不為孤獨所困，也不因居所狹小而怨嘆，反倒能沐浴陽光下，悠哉品味這屬於它們的生活食糧，享受這個世界的自由。相較於得擔心光源被搶走、淪落在暗處，而經常被迫陷入競爭的其他植物而言，生存於縫隙中的植物無須擔心隔壁會冒出麻煩的鄰居打擾，這可說是無比的恩惠。它們的好運在於，不需與身旁的植物較勁，能依各自的步調成長，這樣優質的縫隙環境，對植物來說，舒適無比。

關於這部分的詳細內容，我希望可藉由這本書以更寬廣的視角，然後偶爾記得再退個幾步，來認識花花草草所喜愛的縫隙世界。如此一來，那些泰然生活在令人發噱詭異場所的縫隙植物，說不定會向你展露另一種面貌。

其實不只在都市，植物原本就是會利用縫隙討生活的生物。像在山岳地區，除了岩石的裂縫，植物根本找不到其他地方扎根；至於海岸地帶的岩岸與斷崖，情形也一樣。也就是說，早在人類建設出都市、在各個角落打造出縫隙之前，植物便懂得利用這種環境來生存。於是，它們應用這傳承自古的能力，成為適應街頭縫隙的都市居民。而認識縫隙中的植物世界，則成了認識植物一般生存模式的捷徑之一。

縫隙中的植物，模樣其實多彩多姿。像是從庭院、花壇或盆栽中脫逃出來的園藝植物，或是跨海而來的歸化植物，以及自古以來便生活在日本的先住民……透過這些各式各樣的種類，可以讓我們發現植物生活的共通點及性格。當你開始具備這樣的意識，一定可以從過去不曾關心的植物身上，陸續找到許多新發現。就我個人而言，儘管已花了十多年的時間，留意並觀察縫隙中的植物，直到現在，幾乎每個月還是會發現許多不曾在縫隙中看過的新面孔。

縫隙的空間乍看狹窄，但裡面的世界其實十分寬廣。就像我在〈後記〉中也談到，在人類的都市生活中，縫隙可是相當重要的「自然」存在。現在，就讓我來為大家介紹縫隙中常見的花花草草吧！

Ministry of the Environment

1

各式各樣的縫隙風景

　　第一個單元先來看看縫隙花草所打造出的景色吧！原本破破爛爛的紅磚瓦牆、石牆、水泥牆和柏油石塊，在植物伺機侵入、占地為王後，轉眼間變成生氣盎然的生活一景。而這片景致，正是來自縫隙的恩惠。

　　對出身農耕民族的日本人而言，在現實生活中，大家只要一看到草，就會反射性的拔除乾淨，因此即便是生活在縫隙中的花草也不一定能安穩過生活。但在都市地區，若能利用縫隙增加生活綠意，對環境和心理健康上也是件重要的事。只不過，一旦做過頭，當然也會衍生問題……

上圖：2013年5月25日攝於伊豆七島中的神津島

窗框邊的 虎葛

別名：烏歛莓／日名：ヤブガラシ／學名：*Cayratia japonica* (Thunb.) Gagnep.／科名：葡萄科

　　本文照片是個位於東京巨蛋旁的板式廣告招牌，看來似乎因長期閒置，虎葛的藤蔓穿過了外框縫隙，而闖入其中。在虎葛眼裡，這裡似乎是個能秀出自己美好一面的最佳展示窗。

　　虎葛，廣泛分布於中國大陸，經婆羅洲，又來到赤道另一邊的南半球。虎葛的小花會在夏天招蜂引蝶，但生長於日本關東以東的虎葛則為「三倍體」[1]，不會結出果實；而日本中部以西的地區，則混生了會結出黑色果實的「二倍體」（詳見P.123）。

◆**三倍體：**攜有遺傳資訊的染色體會依生物種類組合成固定套組，進而讓生物各自擁有別具特色的生命活動。無論是人類還是開花植物，基本上都具有兩套染色體，一套來自母方，一套來自父方，這樣的生物形態稱作「二倍體」。二倍體生物在製造卵子或精子等生殖細胞時，會從自己身上的成套染色體中分出一半，再結合成另一對染色體傳承給下一代；而三倍體生物則擁有三套染色體，由於數量為奇數，無法平均分出一半的染色體，導致傳宗接代工程變得極為困難。

被縫隙包圍的 旋花

日名：ヒルガオ／學名：*Calystegia pubescens* Lindl.／科名：旋花科

　　說到縫隙，其實這類空間也有各式各樣的。像左頁照片中這種遍布於變電箱上的格柵，對具有蔓性的植物來說，也是最佳縫隙。除了偶爾的檢修，這裡可是不會受到任何干擾的絕佳安全地帶。只不過唯一的麻煩是，當金屬板曝曬在盛夏陽光底下，這裡會炙熱到像烤盤。

　　旋花與牽牛花（*Ipomoea nil*（L.）Roth）一樣，同屬旋花科的一員，普遍分布於北海道至九州，在朝鮮半島和中國也看得到蹤跡。小旋花（*Calystegia hederacea* Wall.）是與旋花類似的植物種類，雖可透過葉片形狀或花梗模樣分辨，其中卻有很多類型介於灰色地帶，彼此之間的關係恐怕不那麼容易區別。它們兩者的基本花色皆為粉紅，屬於多年草本。

　　旋花乍看雖然很像牽牛花，但花瓣質地較強韌，而且與牽牛花不同，就算到了下午仍能很有精神的盛開著。從實物加以比較就能明白，無論是花苞、萼片形狀及數量，以及雌蕊末端形狀等細節，都與牽牛花有所差異，因此旋花有別於牽牛花，被分類為旋花屬（*Calystegia*）。

左頁圖：2012年10月15日攝於東京都

探出縫隙的**朴樹**

日名：エノキ／學名：*Celtis sinensis* L.／科名：大麻科

　　自古以來，便相傳砍倒朴[1]樹會遭天譴，出現血光之災等災厄，是一種給人帶來紛擾不安的樹。然而，在三遊亭圓朝[2]的怪談故事《乳房榎》中，朴樹卻是讓主角成功討伐敵人的奇蹟之樹。大概是因朴樹普遍分布於日本本州、四國及九州，又多生長在鄰近聚落處，才會流傳出這種逸聞軼事吧！不過，近年由於興建住宅用地等因素，朴樹遭到大量砍伐，且未能再重新種植，反倒變得珍貴許多。

　　儘管朴樹的葉片和果實都沒什麼特色，對鳥兒來說卻是恰到好處的居所和覓食場所，也是日本國蝶「大紫蛺蝶」（*Sasakia charonda*（Hewitson, 1863））等昆蟲的食草，期盼這種樹能獲得當局、各界更多的重視。生長在縫隙中的朴樹，隨著歲月成長茁壯後，最終可能會粗壯到整棵樹都探出了縫隙。過去被列為榆科，現在則隸屬大麻科。

🔸朴：讀作「迫」。
🔹三遊亭圓朝：活躍於江戶時代末期到明治時代的落語家。

左頁圖與上圖：2002年4月14日攝於愛知縣

長在屋頂上的植物

打從很久以前,人們就會特地在茅草屋頂的脊梁蓋上泥土,在上面種植鳶尾（*Iris tectorum* Maxim.）、山百合（*Lilium auratum* Lindl.）等植物,讓植物的根深扎於屋頂。這麼做,不但能補強屋頂結構,也是一種保佑不要發生火災的習俗,兼可收美觀之效;此作法在日本稱為「芝棟」[1]（日語發音為SHIBAMUNE或KUREGUJI）。而當茅草屋頂日漸變得老舊,除了一剛開始所種的植物,其他乘風而來的花草也會開始慢慢生長在脊梁其他地方。看到這種情況,就知道差不多該是替換茅草的時候了。

儘管現在已很少看見這種風情十足的景致,但從年久失修的老舊屋頂,還是能看到像本文照片中那樣恣意生長的縫隙花草,並可在其中發現像日本黑松（*Pinus thunbergii* Parl.）等種類豐富的植物。

◆已故亘理俊次博士的《芝棟——探訪屋頂的花園》（1991年,八坂書房）,是集有關芝棟的植物民族學大成之作,強力推薦大家閱讀。

左頁圖與上圖:2002年9月攝於愛知縣

穿孔而過的**假枇杷**

日名：イヌビワ ／ 學名：*Ficus erecta* Thunberg ／ 科名：桑科

　　這是最貼近日本人日常生活的榕屬（*Ficus*）自生種，它們會透過鳥類食用果實，來散播種子，因此經常生長在教人意外的地方。

　　本文照片中的植物，是沿著大樓外牆生長的假枇杷，與用來遮掩管線的蓋板互相結合成一體的模樣。假枇杷在蓋板內側長成小樹後，枝枒隨著成長，漸漸穿出了蓋板上的網狀縫隙。照這樣下去，這整片蓋板總有一天一定會被枝枒大軍吞沒！目前從外觀已看不見蓋板的模樣，看來恐怕連管理員也沒發現植物已悄悄進駐。

左頁圖與上圖：2014年6月30日攝於東京都

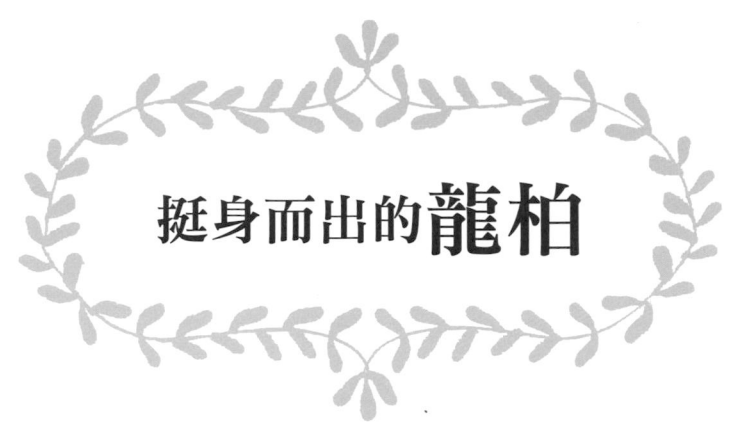

挺身而出的**龍柏**

日名：カイヅカイブキ / 學名：*Juniperus chinensis* L. var. kaizuka Hort. ex Endl. / 科名：柏科

從左頁照片可能看不出到底哪裡有縫隙。其實，縫隙就藏在與操場、操場外圍相隔的水泥隔牆之間。儘管這座操場乍看像荒地，但正因裡面容不下任何一根雜草，才會看起來跟柏油或水泥蓋的廣場，沒什麼兩樣。

位於縫隙中的龍柏，隨著成長，逐漸挺起了身軀，腰間直接倚靠在水泥隔牆上頭。其實除了這一棵，附近也看得見許多這種模樣的龍柏。此番景色，真不曉得該說是樹和路的間隙卡著水泥隔牆，還是水泥隔牆和操場之間卡著樹木。

此品種為廣泛分布於福島縣以南的圓柏（*Juniperus chinensis* L.）之選拔品系。儘管經常用來作為籬笆，但由於已成赤星病[1]在冬季時的中間寄主，因此栽種時，需遠離梨子和蘋果產地。

[1] **赤星病**：梨子或蘋果受到感染時，葉片表面會出現黃紅色的圓形病斑，故名。

左頁圖：龍柏，2013年3月21日攝於岡山大學
上圖：梧桐（*Firmiana simplex* (L.) W. F. Wight.），同樣挺身越出了水泥牆，勢必逐漸吞沒圍牆；2014年6月25日攝於東京都

火車月臺上的**狗尾草**

日名：エノコログサ／學名：*Setaria viridis* (L.) P. Beauv／科名：禾本科

　　偏遠地方的火車月臺，最適合尋找縫隙花草；其中，又以班次間隔長、需經常等待對向列車先通行的單線鐵路爲佳。在等待火車的空檔時，只要走到車廂停靠不到的月臺末端看看，很快就能找到長在縫隙中的花草。

　　其實，當時我並不是爲了這個目的才在這一站中途下車，而是剛好從車窗看到火車對面有我正在調查的其他植物。這裡是個火車班次稀少的無人車站，包括原本要觀察的目標植物在內，我一共在這座車站停留了近兩個小時（當時除了我，沒其他旅客）。

　　在月臺末端，會見到不受任何人干擾的狗尾草，正凜然的挺立著花穗。狗尾草普遍分布於北半球的溫帶地區，也是日本一般俗稱的「逗貓棒」。本書後面篇幅會談及「海濱狗尾草」（*Setaria viridis*（L.）P. Beauv. var. *pachystachys*（Franch. & Sav.）Makino & Nemoto）（詳見P.158），是本種的海濱適應型。

左頁圖：2008年10月5日攝於佐賀縣伊萬里市大川野站

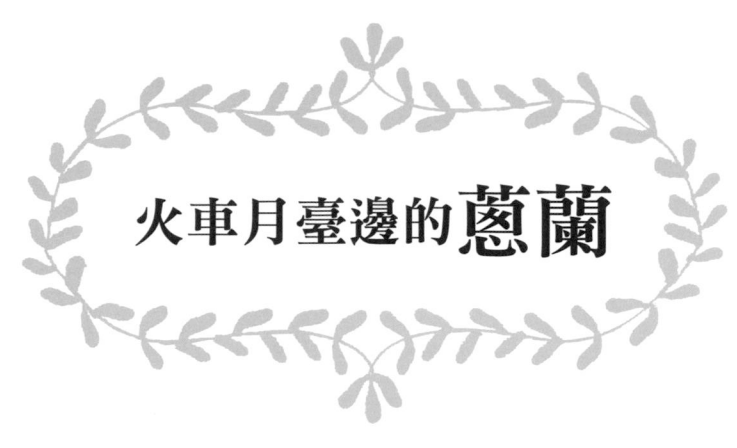

火車月臺邊的蔥蘭

日名：タマスダレ／學名：*Zephyranthes candida* (Lindl.) Herb.／科名：石蒜科

　　這個火車站，與前一篇是同一個。看看這片被花草填滿縫隙的精采景色，實在相當難得一見。蔥蘭，它們位於地下的鱗莖會年年分球繁殖，朝橫向成長茁壯，同時透過光滑的黑色種子繁殖，經年累月下來，便徹底活用了這月臺邊每一處稱得上是縫隙的地方。既然擁有這片難得的景致，這座車站其實可以考慮把月臺當作觀光點來宣傳。搭著停靠每一站的列車，來場探訪縫隙花草的旅行，光聽就很有意思。

　　為一般日本大眾所熟知的蔥蘭，日文名為「玉簾」，且從很早以前就開始栽種於民宅，因此大家似乎不太曉得它是外來種，其實它原產於中南美洲。

左頁圖：2008年10月5日攝於佐賀縣伊萬里市大川野站

藤蔓縫隙中的
日本水楊梅

日名：ダイコンソウ／學名：*Geum japonicum* Thunb.／科名：薔薇科

　　占據本文照片中央位置的，是悠久古老的日本紫藤（*Wisteria floribunda* (Willd.) DC.）藤蔓。其實除了紫藤，許多藤蔓植物都具有纏繞特性。藤蔓隨著歲月成長後，粗壯的捲曲藤蔓看起來就像包粽子似的，日本水楊梅正是在這成束蔓莖的縫隙中落地扎根，萌芽開花。雖有不少植物會生長於老樹的樹洞，但像這樣的景色並不常見。

　　日本水楊梅的日文名爲「大根草」，因其葉子輪廓長得像蘿蔔（日文漢字爲「大根」）而得名。但日本水楊梅的葉片不但單薄又多毛，實際上與蘿蔔並不特別相像，其普遍分布於北海道南部至九州山區的潮濕地帶。

　　紫藤可以分成與牽牛花一樣具有左旋藤蔓的山藤（*Wisteria brachybotrys* Sieb. et Zucc.），以及具有右旋藤蔓的日本紫藤。

　　左頁照片中的，是爲日本紫藤。

左頁圖：日本紫藤，2013年10月12日攝於栃木縣的東京大學日光植物園

窗臺的**醉魚草**

日名：ブッドレア / 學名：*Buddleja sp.* / 科名：玄參科

　　這是很能吸引蝴蝶光臨的知名園藝植物，在日本泛指揚波屬（*Buddleja*）植物，其中尤指改良自中國原產的大葉醉魚草（*Buddleja davidii* Franch.）；另外，在日本的近緣種還有日本醉魚草（*Buddleja japonica* Hemsl.）、彎花醉魚木（*Buddleja curviflora* Hook. et Arn.）等種類。

　　其花朵小，顏色以柔和的紫藤色為基調，呈穗狀排列的花會依序綻放，香氣十足，十分適合夏日的花圃。而醉魚草實際上也和風評一樣，會吸引蜜蜂、蝴蝶前仆後繼造訪。體魄非常強健，繁殖力也很強盛。

　　左邊這張照片為生長在JR中央線「御茶水」車站建築的醉魚草，看來應該是種子當初落到了窗臺上頭所致。在河川對岸的縫隙中，也看得見醉魚草的兄弟姊妹在附近開始拓展勢力範圍。在過去被列為馬錢科（醉魚草科），現在則隸屬玄參科。

左頁圖：2013年10月2日攝於東京大學大學院理學系研究科的附屬植物園（通稱小石川植物園）
上圖：2010年3月22日攝於東京都

縫隙中的蕈菇

　　會生長在縫隙中的物種,並非只有花草而已,本文照片即為「可食用」的鵝膏菌,它在擁有多種劇毒蕈菇的鵝膏菌屬(*Amanita*)中,屬於例外。

　　其實,菌類中的蕈菇(子實體),並非蕈菇本體,蕈菇的實際身體乃是分布在地底下的菌絲網絡。由於這些菌絲生活在地底下,地面上有否縫隙跟它們沒什麼關係。其中,又以鵝膏菌屬的種類,需依靠特定樹木的樹根及養分來共生,因此即使地面沒有落葉或枯葉堆積,還是能夠存活。

　　對菌絲而言,為了散播、繁殖,蕈菇就相當於植物的花朵或果實的孢子,因此還是必須在地面上露臉才行。照片中的蕈菇,剛好從鑲嵌於柏油路的景觀縫隙中探頭而出,因此才拍攝得到。

2010年7月14日攝於東京都

2

從園藝界脫逃而出

　　在住宅區的諸多縫隙，不難看見各種園藝植物。這些植物的模樣，會因住宅區裡住了什麼樣的園藝家而有強烈差異——有在市場上已經落伍、溜到縫隙中度過餘生的老栽培品種；或從以前就開始代代血脈相傳、生長得茂密旺盛的人氣熱賣品種；抑或是出乎大家意料，才剛問世就逃出門的最新品種等等；總之，能看見跨越新舊世代的多元種類。另外，也有許多從家庭菜園逸出的植物。

　　這個單元將從豐富多樣的植物種類，來介紹部分花草的面孔。

上圖：原產於中國的園藝植物「木芙蓉」，屬錦葵科，2013年10月18日攝於神奈川縣

鑽石花

日名：イオノプシディウム
學名：*Ionopsidium acaule* Rchb.
科名：十字花科

鑽石花，是早春時節常被種來當作花圃圍籬，或作為盆栽裝飾的一種嬌小園藝植物。屬十字花科植物，開花方式較為特殊。一般十字花科植物都會像薺菜（*Capsella bursa-pastoris*（L.）Medik.）或油菜花（*Brassica rapa* L.）那樣，具有直挺挺的莖，花會慢慢從下方循序往上開；然而鑽石花的莖部卻挺不起身，花是從葉片邊一朵朵綻放，開花方式較為與眾不同。不過，也因為這項特質，每株鑽石花的尺寸雖然嬌小，但整棵植株就像用花做出來的球，看起來小巧可愛。

原產於葡萄牙，全名為「*Ionopsidium acaule*」，在日本大多只以「*Ionopsidium*」（鑽石花屬）來略稱。在歐美是知名度很高的園藝植物，但在日本還不算普遍。不過由於栽種容易，今後可能會變得更加廣為人知。本文照片中，左邊的植物為白晶菊（*Chrysanthemum paludosum* Poir.）。

2002年4月6日攝於愛知縣

花韭

日名：ハナニラ
學名：*Ipheion uniflorum* (Graham) Raf.
科名：石蒜科

　　從明治時代引進日本後，花韭至今依然是春季花圃中的人氣球根植物。栽種後即使放任不管，還是會恣意自行繁殖生長，且花朵姿態又優美，除了私家庭院，在公園等地也是熱門的栽種選擇。

　　葉如其名，葉片創傷處會散發出宛如韭菜的氣味；花則具有美好的香味，與葉片恰恰相反。花謝葉枯後，地底下的球根會分裂繁殖，若此時附近正好有縫隙，花韭便會鑽入其中，拓展領地。像本文照片那樣，溜出庭院、沿著道路縫隙繁殖的花韭並不算少見，是為原產於阿根廷的石蒜科植物。

2013年3月20日攝於神奈川縣

囊距花

別名：非洲海蘭 / 日名：ネメシア / 學名：*Nemesia strumosa* (Benth.) Benth. / 科名：玄參科

　　在春季的園藝植物之中，囊距花是日本目前較少見的類型。它從很久以前就開始受到歐美人的利用，或許是模樣充滿西洋風情的緣故，在過去較難融入日本的風景；但最近日本有越來越多歐風設計的住宅及花圃，囊距花也因此慢慢受到歡迎；逐漸轉變為柔和粉色調的花色，大概也是人們願意接納它的其中一個原因。照片中的囊距花，是因種子自然散落、逃出原本的居所，目前已順利找到了定居地。

　　原產於非洲南部的開普半島北端，又名「非洲海蘭」。花的形狀與風格，雖然跟柳穿魚屬（*Linaria*）植物相似（可另外參考「鏡鈸花」），但根據分子系統學的解析結果，本種屬於玄參科，而柳穿魚屬植物則屬於車前草科，彼此之間已分道揚鑣，只是長相碰巧很相似的陌生人。

上圖：2014年5月4日攝於神奈川縣

菊花

日名：イエギク ／ 學名：*Chrysanthemum* sp. ／ 科名：菊科

　　菊花爲日本皇室家徽圖樣，長久以來爲日本大眾所熟悉。它在過去，是由兩種菊屬植物經雜交之後，誕生於中國大陸的種類。歷經漫長的歷史歲月，現已發展成尺寸、形狀與花色都相當多采多姿的品種群。

　　由於菊花在日本的園藝發展界亦擁有悠久歷史，如今不但是能夠適應氣候的多年生草本，可透過地下莖進行分枝，還與住在日本的蜜蜂及花虻 性情相投，藉此順利結出眾多種子，也讓它獲得了許多逃離民宅的機會。

　　菊花只要開過一次花，讓大家知道自己的身分後，幾乎就不會遭遇被拔除的威脅，生活相當平穩安泰。照片中的菊花則是小菊類型，屬菊科。

◆ **花虻**：虻讀作「盟」，一種類似蜜蜂的昆蟲。

上圖：2004年11月21日攝於兵庫縣

結縷草

日名：シバ / 學名：Zoysia japonica Steud. / 科名：禾本科

　　結縷草，具有匍匐地表繁殖生長的特質，可忍受像是高緯度地區的寒冷環境，或受到猛烈海風侵襲的海邊等林木難以茂盛生長的環境。它利用這項特質，為光禿禿的荒野鋪蓋上綠意後，就會化身成人們稱呼的草坪。

　　像是高爾夫球場之所以覆蓋草皮，正因為高爾夫球的發祥地過於寒冷、樹木難以生長的關係。而像日本這種就算放任樹木自行生長、也會變得茂盛茁壯的高溫多濕風土條件，要保養好草皮實在是極為困難的工程。因此，高爾夫球場的草皮，當然就得使用大量農藥及除草劑來維護，是需採用強硬手段才能打造出的景觀設計。

上圖：2002年5月攝於長崎縣對馬島；左圖：2014年4月26日攝於神奈川縣

巴西酢漿草

日名：オキザリス‧ブラジリエンシス ／ 學名：*Oxalis brasiliensis* Lodd. ／ 科名：酢漿草科

酢漿草屬（*Oxalis*）植物的種類相當多元豐富，目前全球大約已有九百種。每種酢漿草屬植物都長得比較嬌小，花與葉之間的精采搭配讓許多種類深具園藝價值，日本便從國外引進了眾多種類作為園藝植物。

像照片中的巴西酢漿草，原也是為了園藝用途，才遠從原產地南美洲小心翼翼的引進日本。不過，巴西酢漿草就跟大部分酢漿草屬植物一樣，不但堅韌且具有強大繁殖力，在市場上的價值一下子就變得一落千丈，最後只能隨意尋找縫隙來生活。

上圖：2014年4月27日攝於神奈川縣

四季秋海棠

日名：シキザキベゴニア / 學名：*Begonia semperflorens Link. & Otto* / 科名：秋海棠科

　　這是日本最常見的秋海棠。原產於巴西，植株含水量高，乍看不耐寒，以爲到了冬天就會枯萎，但四季秋海棠其實沒有那麼軟弱。儘管葉片結霜時的確會變得軟趴無力，不過日本關東太平洋海岸的寒冷，足以讓四季秋海棠的根躲在地底下，待隔年春天再冒出新芽。

　　雌雄同株的花會透過花虻等幫手來結實，也會飛散出大量細小的種子；葉片

易曬傷，不適日照強烈的地方。不過，如果是像小巷子這類有適度遮陰處和濕氣的場所，四季秋海棠就能像本文照片那樣過得舒適快活。

　　花色種類分成紅、白、粉紅，或像照片中的複色等等，亦有重瓣品種。

左頁圖：2012年11月1日攝於東京都；上圖：2013年7月15日攝於神奈川縣某下水道

同瓣草

日名：イソトマ／學名：*Isotoma* sp.／科名：桔梗科

　　同瓣草，其獨特的葉片形狀與花色十分相襯，是原產於澳洲的熱門園藝植物。雖屬桔梗科，但畢竟原產於澳洲，整體氣氛就是跟北半球的親戚不太一樣。由於目前在日本種植的同瓣草幾乎都近乎原種，只看得到藍紫色的基本款花色，不過像是植株高度等部分，今後還是有許多改良空間。

　　其原爲多年生草本，但因耐寒性較低，在日本都是以一年生草本的栽培方式種植。換句話說，在日本的風土環境下，同瓣草能像一年生草本那樣順利結種繁殖，發芽開花的速度又快，因此經常可見到從花圃或花盆搬到縫隙生活的同瓣草。喜日照，算是滿適合生長在縫隙中的植物種類，又名「流星草」。

上圖：2009年5月9日攝於愛知縣

武竹

日名：クサスギカズラ ／ 學名：*Asparagus aethiopicus* L. ／ 科名：天門冬科

　　原產於非洲南部，但在美國、日本，還有其他國家也經常可見到它的蹤跡，從過去開始就被視為觀葉植物受到栽種。武竹在日本，原生地為海邊，在都市看到的，則是逸出的栽培品種，與可食用的蘆筍（詳見P.70）皆為天門冬屬（*Asparagus*）植物。

　　包括本種在內，天門冬屬植物具有呈扁平狀，乍看就像是是葉片的莖部（葉狀莖）；而真正的葉片，則具有退化為鱗片狀的特質。經過我們研究室的解析後發現，可決定葉片表裡的遺傳因子也有在莖部發揮作用，才會造成莖部呈現扁平的平面形狀。

上圖：結了紅色果實的武竹，2014年2月5日攝於東京都

松葉菊

日名：マツバギク／學名：*Lampranthus spectabilis* (Haw.) N. E. Br.／科名：番杏科

　　松葉菊，原產於南非，耐乾燥及夏日高溫，多年生多肉草本。昭和時代[*]，常見到它種在民宅的院子前，最近卻越來越難在市面上看到。不曉得是否因為，其花色基本上都像本文照片那樣呈紅梅色、沒有特別的種類變化，還是外觀較俗氣的關係，看起來很容易讓人厭倦。

　　也因為這個緣故，原本住在庭院的松葉菊，都老愛把自己的主要居所遷移到縫隙去。其植株強韌，輕鬆就能度過東京的寒冷天候，因此只要品種再豐富些，未來一定還有受歡迎的可能。

◆**昭和時代**：指1926年12月25
日～1989年1月7日這段時
期。自1989年1月8日起，則
進入平成時代。

左頁圖：2002年6月攝於愛知縣；上圖：2014年7月4日攝於東京都

小茴香

日名：ディル (イノンド) / 學名：*Anethum graveolens* L. / 科名：繖形科❶

　　小茴香的葉片，觸感柔軟特別，香氣濃郁又獨特，是常用於魚料理、燻鮭魚等菜色的香草。原產於亞洲西南部及中央地區，除了葉片可當作香草，被稱為「蒔蘿」的果實部分，也常用作咖哩等料理的香料。

　　儘管最近才開始融入日本的飲食生活，但由於葉片美麗，且出乎意料的容易栽種，因此不難在市區看到小茴香的蹤影。只不過，儘管很多人嘗試栽培，但其實沒什麼機會拿來入菜，導致錯過了收穫期，讓小茴香長出花梗，開出淡黃色的花，最後一不小心就結成果實。當果實散落時，小茴香有時也會趁機從庭院溜到附近的縫隙之中。

　　像照片中這株小茴香，大概是因為姿態太優美，才免於除草之災吧！生長在無法動用除草機的電線桿底下，還真是個正確選擇。從莖部末端出現花苞的模樣來看，它已經差不多在準備散播下一代的種子了，朝下個縫隙新天地出發。

❶繖形科：繖讀作「傘」。

左頁圖：2009年5月23日攝於愛知縣

韭菜

日名：ニラ / 學名：*Allium tuberosum* Rottler / 科名：石蒜科

　　韭菜，是深具代表性的知名夏季蔬菜。原產於中國至蒙古一帶，早在日本史書《古事記》成書的時代（約爲西元712年），便傳入了日本。其生命力強韌，即使拔下葉片也會馬上再長出來，十分容易栽培。到了夏天，就會像照片中那樣挺直花莖，人們可採收能用於中華料理的韭菜花（與P.37的園藝植物「花韮」，無任何關係）。

　　白色球狀的花凋謝之後，會大量四散出又黑又扁平的種子，因此經常可見從家庭菜園溜到附近縫隙的案例。本種的厲害，就是一旦落地生長後就會進行分莖，年年拓展陣地。過去被列爲百合科，現在則隸屬於石蒜科。

上圖：2003年8月攝於愛知縣

小花矮牽牛

日名：カリブラコア / 學名：*Calibrachoa* sp. / 科名：茄科

　　近年來，日本的花卉園藝世界，陸續引進了矮牽牛（*Petunia spp.*）的近緣種和近緣屬，現在已能看到類似矮牽牛的園藝植物，正展現著大家從沒見識過的植株模樣和色彩，爲庭院和公園增添新的光采。

　　而小花矮牽牛也是其中一種。原產於南美洲，與矮牽牛屬（*Petunia*）是親緣很近的屬，其中接受了園藝化培育的種類，乃是結合「屬」中數個種類所改良出的交配種。由於花色多樣鮮豔，花型嬌小量多，可長期開花，又生長得茂密氣派，人氣一下子便迅速攀升。不過，就連這種熱門的最新品種，如今也能在都會區的縫隙中看到蹤跡。

上圖：2014年8月8日攝於東京都

蜀葵

日名：タチアオイ／學名：*Alcea rosea* L.／科名：錦葵科

　　蜀葵，是原產於中國大陸、很早以前便傳進日本的園藝植物。提到葵，多半會想到成了德川家家紋的雙葉細辛（二葉葵，*Asarum caulescens* Maxim.）。不過，一般的花葵則是指本種，雙葉細辛爲馬兜鈴科，和錦葵科的本種一點邊也沾不上。

　　蜀葵的花瓣像是被搓揉過的薄紙，質地細緻獨特，其植株正如日文名「立葵」一樣高大直挺，滿溢西洋風情。英文名爲「Hollyhock」，在歐美也是很受歡迎的植物，但自古以來在日本，即爲深受江戶琳派◆等畫派熱愛的繪圖主題。

　　蜀葵的種子雖然較大型，但由於能夠大量結實，使它獲得了很多前進縫隙的機會。根部具宿根性，只要確定好居住地點之後，每年都會開花。

◆**江戶琳派**：日本江戶時代具代表性的繪畫流派。

左頁圖與上圖：2014年5月31日攝於東京都

黃花矮牽牛

日名：ペチュニア黃花 ／ 學名：*Petunia* sp. ／ 科名：茄科

　　矮牽牛從很早以前就是夏季花圃中的熱門植物，到了昭和年代尾聲，又另外多了黃花品種。

　　矮牽牛原本只有紅、紫、白等典型花色，而黃花矮牽牛則是與具有黃花的近緣種交配後，才改良出的品種。因此，像是植株模樣、還有花的氛圍，都與原本過去的種類有很大差異，價格也比其他矮牽牛還要貴上一些，多採單植觀賞。在以前，算是比較高貴的矮牽牛。

　　然而如今進入平成年代已近三十年，黃花矮牽牛可能差不多也想嘗試看看縫隙的庶民生活了。而其他傳統類型的矮牽牛，早已成為縫隙的常客；此外，在新面孔的近緣種中，小花矮牽牛也是縫隙常客的一員。

上圖：黃花矮牽牛，2014年3月26日攝於東京都
左頁上圖左：傳統類型的矮牽牛，2013年7月20日攝於東京都
左頁上圖右：傳統類型的矮牽牛，攝於愛知縣
左頁下圖左：傳統類型的矮牽牛，2001年7月6日攝於愛知縣
左頁下圖右：傳統類型的矮牽牛，2014年6月9日攝於東京都

非洲鳳仙花

日名：インパチェンス
學名：*Impatiens walleriana* Hook. f.
科名：鳳仙花科

　　非洲鳳仙花，自昭和時代以來一直被這麼稱呼，不過日本園藝界則稱之「矮鳳仙花」。非洲鳳仙花雖與鳳仙花（*Impatiens balsamina* L.）及野鳳仙花（*Impatiens textori* Miq.）為同屬的近緣種，但它的花是朝上水平綻放，不會隱藏在葉片裡，和這些近緣種較為不同。由於這項優點，使得它一直以來廣為被園藝用途做品種改良。

　　其實，非洲鳳仙花原本並不像照片中那樣鮮紅，也沒有紫紅或白色的花色，葉片色彩也很黯淡，看起來一點也不嬌豔；不過，近年已孕育出花色更鮮豔、葉色更明亮的品系，而且又增添了多花的特性，使它博得了廣大人氣。

　　然而，當我們還在好奇過去的品種現在過得如何時，才發現它們其實就像照片中那樣，自由自在的在縫隙中過日子。

2003年6月攝於鹿兒島縣的奄美大島

小蜀葵

日名：ゼニアオイ
學名：*Malva sylvestris* L. var. *mauritiana* Mill.
科名：錦葵科

小蜀葵，江戶時代時傳至日本的栽培品種。在江戶琳派的繪畫作品中，也看得到小蜀葵的身影。模樣比蜀葵還要嬌小，花也傾向躲藏在葉片底下，十分適合和式庭園。由於小蜀葵已在日本居住了很長一段時間，所以也經常出現在寺院神社。

然而比起東洋風情，小蜀葵的花色較為歐風，具有融入英式庭園的雙面特質，也會作為香草或藥草來使用。其生命力強韌，採放任栽培也能年年開花，所以不經意就能發現溜進附近縫隙的小蜀葵。是為原產於地中海的錦葵科植物。

2014年5月15日攝於東京都

醉蝶花

別名：西洋白花菜 / 日名：クレオメ(セイヨウフウチョウソウ) / 學名：*Cleome spinosa* Jacq. / 科名：白花菜科

　　醉蝶花，原本會在傍晚開紫色或粉紅色的花，到隔天早上逐漸轉白後凋謝，僅僅只盛開一晚，不過，現已改良成夏日期間天天都會持續開花的園藝種。其花瓣位於長長的花梗末端，展開的葉片呈團扇狀，植株外型十分獨特，自明治初期[1]傳進日本以來，一直是夏季庭院的熱門一年生草本。凋謝後，會結出寄宿了大量種子的纍纍果實，同時也為醉蝶花打造出許多溜到附近縫隙的機會。

　　本種隸屬於白花菜科，與十字花科親緣很近，兩者之間的比較最近成了分子遺傳學上的解析材料，相關研究也在持續進行中。其原產於美國熱帶地區。

[1] **明治時代**：指1868年10月23日～1912年1月7日這段時期。

左頁圖：2012年10月1日攝於東京都；上圖：2014年7月26日攝於神奈川縣

腎蕨

日名：タマシダ／學名：*Nephrolepis cordifolia* (L.) Presl／科名：蓧蕨科❷

　　是一種廣泛分布於副熱帶及熱帶地區的蕨類植物。生長於日本的腎蕨，亦分布於溫暖地帶至副熱帶地區的海岸附近。在日本，因其植株底部萌生出的走莖❶末端，會生長出外觀呈咖啡色、多汁的球狀器官，而被稱為「球蕨」。

　　它在園藝用途上另有葉形奇特的品種，與照片中的基本款一樣，為盆植草木。儘管人們對它作為室內園藝植物的印象較深刻，但像在冬季氣候穩定的東京等地，就算身處室外，腎蕨的地下部位仍有辦法過冬。腎蕨喜明亮環境，因此是否會移動到縫隙中生存，將取決於光線條件。

上圖左：從腎蕨走莖末端生長出的球狀器官，2008年5月17日攝於鹿兒島縣
上圖右：剝下球狀器官的外皮後，可以清楚看見上面布滿茶褐色的維管束，2008年5月17日攝於鹿兒島縣
左頁圖：2008年9月27日攝於高知縣

◆**走莖**：又名匍匐莖。像是草莓（*Fragaria grandiflora* Ehrh.）、日本鳶尾（*Iris japonica* Thunb.，詳見P.79），以及虎耳草（*Saxifraga stolonifera* L. Meerb.）等植物，其植株底部會長出纖長的枝條，從末端發育出子株來繁殖，並分布在距離親株較遠的地方，拓展其地盤。此方法是無性繁殖（營養繁殖）的一種，那些纖長的枝條就稱為「走莖」。
而腎蕨的枝條末端，則會生長出以儲水功能為主的球狀器官，但有些近緣種則會在枝條末端冒出新芽，發揮典型走莖所具有的繁殖功能。

◆**蓧蕨科**：蓧讀作「掉」。

鐵線蕨

日名：ホウライシダ
學名：*Adiantum capillus-veneris* L.
科名：鐵線蕨科

　　鐵線蕨，是遍布世界各地的蕨類植物。片片分明的葉片具觀賞價值，在全世界廣泛用於園藝栽培。現身日本都市街頭的，恐怕就是溜出來的園藝品種。葉片末端背後附著的孢子囊（詳見P.119注釋），會散發出大量孢子，只要是保持適度濕氣的環境，就能馬上大量繁殖。因此車站月臺、或高架橋下等地，經常可在潮濕的縫隙中看到鐵線蕨。

　　鐵線蕨除了可用於室內園藝，由於栽培容易又平價，長久以來亦為活用於植物生理學的實驗材料。

2014年6月9日攝於東京都

槭葉牽牛

別名：番仔藤 ／ 日名：モミジバヒルガオ
學名：*Ipomoca cairica* (L.) Sweet
科名：旋花科

　　槭葉牽牛[1]，是原產於北非的栽培品種，葉形獨特，看起來清爽又較嬌小，且易開花，如今廣泛栽培於熱帶及副熱帶地區。

　　槭葉牽牛在溫暖的地方能發揮其宿根性特質，年年成長，藤蔓甚至可能包圍住四周。不過本種的優點大概就是，即使發生這種情況，也不會讓人看了很難受。然而，近來鋪天蓋地席捲日本的銳葉牽牛（*Ipomoea indica*（Burm. f.）Merr.）栽培品種──「琉球朝顏」，情況可就不一樣了。

　　話雖如此，無論是哪種植物，最好還是小心別繁殖過了頭。

◆ **槭葉牽牛**：槭讀作「促」。

2014年7月3日攝於神奈川縣

印度橡膠樹

日名：インドゴムノキ／學名：*Ficus elastica* Roxb.／科名：桑科

　　印度橡膠樹，為室內觀葉植物，在日本大多是單株種於大型盆栽中。只不過這株植物，原本並不是那麼嚴謹老實的生物。若是在它擁有主場優勢的熱帶環境裡，可是會一邊發揮依附性，一邊將枝條朝四面八方生長，讓植株變得越來越巨大，甚至吞沒周遭環境，明顯表現出與榕屬（*Ficus*）植物◆之間的親近關係。

　　左頁上圖中的印度橡膠樹，乃生長在投影機底座的縫隙。右邊角附有照明設備，讓這裡成為除了白天、就連晚上也能進行光合作用的黃金地段，且外頭還有鐵桿圍住，無須擔心除草機的威脅。看來，這株印度橡膠樹應該能過上一段安穩日子。

　　左頁下圖，是印度橡膠樹與構樹（*Broussonetia papyrifera*（L.）L'Herit. ex Vent.）混生，看起來日本味十足。

◆榕屬（*Ficus*）植物：本屬植物中，有許多種類等到種子在樹木或岩石上發芽後，
　會利用氣根和附生根在四周劃出陣地，表現出自己旺盛的生育能力。

左頁上圖：2014年6月18日攝於印尼爪哇島的茂物植物園
左頁下圖：2014年11月20日攝於靜岡縣某高處停車場

彩葉草

日名：コリウス
學名：*Coleus* ssp.
科名：唇形科

　　彩葉草，原產於熱帶地區，屬唇形科的園藝植物；另有起源於印尼爪哇島一說。在明治時期傳入日本，因葉片色彩鮮豔華麗，在日本另有金蘭紫蘇、錦紫蘇等大眾熟知的別名。現已改良出豐富的品種群，葉片具有繽紛多樣的葉色和輪廓形狀，是夏日花圃中不可或缺的元素之一。

　　它與紫蘇（*Perilla frutescens*（L.）Britton）一樣容易栽培，種子易結實，也具有因種子自然散落、朝四周蔓延生長的強烈特質，所以常常現身縫隙之中。

2003年9月攝於愛知縣

橙花千日紅

日名：キバナセンニチコウ
學名：*Gomphrena haageana* Klotzsch
科名：莧科

　　橙花千日紅與近緣種的千日紅（*Gomphrena globose* L.）一樣，花如其名，夏天的花期都很長。具有獨特的乾燥特質，植株看起來有如乾燥花，是特色十足的園藝植物。由於以前所見幾乎都是未改良過的野生品系，也很少用於家庭園藝中，算是較不起眼的植物。

　　不過就在最近，橙花千日紅的植株模樣及花色，已開始慢慢進行改良。比起以紅梅色花色爲基本的千日紅，本種則以橘色或朱紅爲基調，葉上也長有銀毛，彼此之間有所區別。兩者植株身上具有顏色的部分，其實都是包裹著花、一種稱爲苞片的器官。此爲原產於北美洲南部的莧科植物。

◆**莧**：讀作「莧」。

2008年9月27日攝於高知縣（背景爲河川的水面）

紫珠

別名：白棠子樹 / 日名：コムラサキ / 學名：*Callicarpa dichotoma* (Lour.) K. Koch / 科名：唇形科

　　日本花材或庭院中見到的「紫珠」（ムラサキシキブ），多指日本紫珠（*Callicarpa japonica* Thunb.）。本種在日本，又名「小紫式部」，屬於具有「一歲性」栽培品系。

　　「一歲性」為日本園藝專業用語，是指種子發芽後，原需花上數年才有辦法開花的花木，現在只要一年左右就能提早開花的品系。由於本種尺寸小巧、又具有高結實性，且普遍具備一歲性特質，由此獲得了園藝植物的第一線位置。

　　日本紫珠的果實，顏色更深，枝條也較短。因此每根枝條上的果實數量少，植株也變得比較高大，種植在庭院中需準備空間充足的場所。儘管本種是樹木，卻有一半的部分很像草。實際上正如照片所示，枝條上的花會陸續盛開，然後接連結實，到了冬天，枝條末端又會枯萎凋零，植株模樣也小巧許多。栽種起來輕鬆簡單，為其一大優點。

　　分布於日本本州至沖繩，另外還有朝鮮半島與中國。過去被列為馬鞭草科，現隸屬於唇形科。

左頁上圖：正在開花結果的紫珠，2013年7月31日攝於東京都
左頁下圖：2014年9月22日攝於東京都

蘆筍

日名：アスパラガス
學名：*Asparagus officinalis* L.
科名：天門冬科

　　近年來在日本，蘆筍已成常見蔬菜之一，但實際長大後的蘆筍，與食用蘆筍的模樣卻有天壤之別，很多日本人就算看了也認不出來。照片中，是到了秋天、正轉變成黃色的蘆筍莖條[1]。照片左上角的紅葉，則是臺灣吊鐘花（*Enkianthus perulatus* C. K. Schneid.）。

　　儘管蘆筍地上部的莖條到了冬天就會枯萎，但地下部則年年成長茁壯，到了春天又會伸展出新的莖條。這些宛如竹筍、呈現嫩芽模樣的年輕莖條，採收後，就是平常所食用的蘆筍了。其過去被列為百合科，現隸屬於天門冬科。

◆莖條（Shoot）：莖與葉的總稱，簡單來說就是枝條。

2013年11月28日攝於奈良縣

糖楓

日名：サトウカエデ
學名：*Acer saccharum* Marshall
科名：楓樹科

　　糖楓來自加拿大，在日本已成入境隨俗的植物之一。誠如大家所知，加拿大國旗正中央的紅葉，正是糖楓的葉片。初春時節，可從糖楓的樹幹中採集出樹液，經過熬煮，便成為風味絕佳的楓糖漿。本種在加拿大，人們除了利用其樹液製作楓糖漿，更是隨處可見的行道樹與公園園樹。

　　接著來談糖楓與縫隙之間的關係。糖楓，正如其名，是屬於楓樹的一種，因此果實帶有翅羽，能隨風飛揚。如果果實飛抵的地點正好是縫隙，糖楓當然也會充分利用縫隙的空間來生活。

2014年7月29日攝於加拿大溫哥華

白楊樹

日名：ポプラ
學名：*Populus* sp.
科名：楊柳科

　　說到北海道，就會想到知名的白楊樹蔭道。本文照片拍攝地點在札幌大學附近，可以發現白楊樹在柏油路的縫隙中，找到了新天地。白楊樹，爲楊屬（*Populus*）植物通稱，屬楊柳科，果實有絮，會如棉花般隨風飛舞，因此很容易降落到縫隙之中。不過，楊柳類植物的種子壽命短，如果著地後無法馬上獲得水分，發芽後也沒有水氣充足的環境條件，很難就地生長。

　　明治開拓時期，從歐洲移入了黑楊（*Populus nigra* L.），儘管作爲木材利用範圍有限，但近年來多用於分子遺傳學上的研究材料。

2013年9月13日攝於北海道札幌市

3

歸化了本地之後

　　無論是歸化種還是原生種，兩者與縫隙之間的關係並無什麼差異。如果原本就是喜歡縫隙環境的種類，不管身處在原生地或歸化後的國外，它們仍會自由自在的利用縫隙來生活。而隨著時間歲月，原生種與歸化種都會開始變得越來越沒有明顯分別。

　　例如紅花石蒜（*Lycoris radiata* (L' Her.) Herb.），正是隨農耕文化而傳入日本，這種在古早時代即出現的植物稱為「史前歸化植物」，與一般歸化植物有所區別。若追溯至人類尚未有文字的古早時代，當時的海岸線與大陸不但有巨大差別，氣候也不同，植物的分布當然也與現今有所差異。這個單元就來介紹，目前幾乎可正確推測出其傳入日本的年代、在近年才出現的歸化植物。

上圖：沙參屬（*Adenophora*）植物，屬桔梗科，2005年7月3日攝於德國的海德堡城堡

庭菖蒲

日名：ニワゼキショウ
學名：*Sisyrinchium rosulatum* E. P. Bicknell
科名：鳶尾科

日本的歸化植物中，像是春飛蓬（*Erigeron philadelphicus* L.）等不少植物，都源自於東京大學的小石川植物園（東京大學大學院理學系研究科的附屬植物園）。本種同為此類歸化植物之一，明治二十年（西元1887年）左右栽培於小石川植物園，後來溜出園內，在各地繁衍。

其在草地等環境中會適度繁殖，初夏時會開出可愛的花，因此不會遭遇強硬的除草威脅，可以很自然的在周圍生長。花色有兩種類型，葉片為單面葉，扁平的葉片兩面皆為反面；其中，只包圍著莖部、呈現鞘狀的地方（葉鞘）為正面。

2002年4月攝於三重縣

球序卷耳

日名：オランダミミナグサ
學名：Cerastium glomeratum Thuill.
科名：石竹科

　　原產於歐洲的秋播一年生草本，如今在日本全國各地都看得到蹤跡。

莖葉上包覆著柔軟又富彈性的絨毛，無論是觸感、抑或充滿春日氣息的植株模樣，看起來都十分與眾不同。而日本原生的近緣種卷耳（*Cerastium holosteoides* Fries var. *hallaisanense*（Nakai）Mizushima），則植株的莖節間距看起來都較本種大，絨毛密度也比較稀疏。不過，常見於都市地區縫隙之中的卷耳，幾乎都是本種。其花瓣末端呈二裂，開花時看起來很像星形圖樣。

　　若花的尺寸再大個兩倍，盛開時期再長一點，說不定就能具有園藝價值了。

2014年3月24日攝於東京都

西洋蒲公英

日名：セイヨウタンポポ / 學名：*Taraxacum officinale* Weber ex F. H. Wigg. / 科名：菊科

　　一般俗稱的西洋蒲公英，其實是指複數種的總稱（稍後介紹「東海蒲公英」時會提到，詳見P.97）。狹義來說，又大略可分為西洋蒲公英與岩蒲公英（*Taraxacum laevigatum*（Willd.）DC.），但兩邊也分別都是指相似的複數種總稱，因此，說明起來很複雜。

　　無論如何，目前來到日本的西洋蒲公英為三倍體品系（詳見P.15），即使不具花粉，也能自行繁殖，具有高度的無性生殖能力。西洋蒲公英的另一個共通點是，總苞皆呈現反捲，且同樣對於縫隙有高度適應能力，繁殖在都市地區時有很大貢獻。西洋蒲公英待在日本期間，與日本原生的蒲公英族群進行雜交後，又獲得了許多其他能力。

　　而歸化於北海道的品系當中，也包含了由傳教士帶進日本、可於沙拉中食用的品種。儘管味道會依植株個體而異，但摘下嫩葉稍微試著品嘗後，仍多少吃得到蒲公英的特殊氣味與苦味。味道不算難吃，但還是需要另外花點巧思來增添美味。其原產於歐洲，屬菊科。

左頁上圖：2013年4月5日攝於東京都；左頁下圖：2013年4月6日攝於東京都

日本鳶尾

日名：シャガ / 學名：*Iris japonica* Thunb. / 科名：鳶尾科

日本鳶尾是歸化植物，又名「蝴蝶花」。原產於中國，相當古早就已傳進日本，也就是所謂的史前歸化植物。

它那在春天盛開的花，具獨特花紋，無論欣賞單株或遠望群落，看起來都很賞心悅目，因此常被栽種於庭院。來到日本的品種爲三倍體（詳見P.15），儘管無法結出種子，但性格強韌，會從根部生長出走莖（詳見P.61），於末端發育出子株，並透過這種方式輕鬆進行無性繁殖。喜半日陰的潮濕環境，往往很難在縫隙之中見到它的蹤跡。

左頁圖：2013年4月14日攝於神奈川縣；上圖：2013年12月28日攝於東京都

長葉車前草

日名：ヘラオオバコ
學名：*Plantago lanceolate* L.
科名：車前草科

　　長葉車前草，具大型葉片，葉上有清楚明顯的縱向溝紋，末端尖細，花穗上帶有咖啡色的毛，此歸化種可清楚分辨出與其他日本近似歸化種的不同。每朵花的開花期都很短，會沿著花穗由下往上依序綻放，與其他車前草類植物有明顯差異。原產於歐洲，已廣泛歸化於世界各地。

　　神奇的是，就連在印尼爪哇島海拔三千公尺以上的高山山頂，也看得到長葉車前草的蹤跡。不知那是在冰河期時代南下發展的原生種，還是在荷蘭統治時期傳進了當地。

2014年4月27日攝於神奈川縣

小列當

日名：ヤセウツボ
學名：*Orobanche minor* Sm.
科名：列當科

小列當，寄生植物，不具葉綠素，僅花穗部分最爲顯眼，是一年生的歸化植物。原產於歐洲至非洲北部。具有寄生在各種植物根部的能力，花謝之後，微小的種子會大量四散，進而遍布世界各地。日本街頭經常可以看見，小列當寄生在菽草、白頂飛蓬等其他歸化植物身上的模樣。

位於照片右側的植物，正是寄生於黃鵪菜（*Youngia japonica* (L.) DC.）的小列當——看來，有些植物即便待在不太遇得到麻煩人物的縫隙中生活，也很難防得了寄生植物的侵襲。

2012年5月29日攝於東京都

臺灣百合

日名：タカサゴユリ / 學名：*Lilium formosanum* Wallace / 科名：百合科

　　此為原產於臺灣的百合。其近緣種的麝香百合（*Lilium longiflorum* Thunb.）原產於日本（西南群島），是在世界各地都很受歡迎的切花花材，不過，從播種到開花需要好幾年；本種於種子發芽後，一年後就會開出氣派的花，但植株整體因而看起來比麝香百合還要纖細嬌小，較不適合當作重視分量感的切花花材，於是現在便出現了由本種與麝香百合交配、所培育出的適合切花用途之「白雪百合」（新麝香百合，Lilium ✕ formolongo Hort. ex Nishim.）。

　　光是以本種的原生姿態，便足以在家庭園藝中大放異彩，從過去至今一直廣受栽培。由於播種後僅需一年就能開花，繁殖能力相當迅速，因此現在臺灣百合已在日本各地馴化自生。

　　百合屬植物的種子，薄又扁平，很輕易就能乘風降落到縫隙裡；其屬於地下部的球根（鱗莖）會年年變得肥大飽滿，精神奕奕的持續開花。

◆**西南群島**：日本九州與臺灣之間的島嶼群，也就是琉球群島。
　由於位在日本西南方，日本稱之「南西諸島」，譯成中文即西
　南群島。

左頁圖：2003年8月攝於愛知縣

北美刺龍葵

日名：ワルナスビ / 學名：*Solanum carolinense* L. / 科名：茄科

　　正如日文名「惡茄子」所形容——這是一種惡劣的茄子。儘管花形和葉形都看起來都和茄子如出一轍，但北美刺龍葵的葉片尺寸卻小型許多。花呈淡紫色，莖葉上布滿銳利尖刺，地下部也十分發達，一旦落地生長，可不是那麼簡單就能驅除。果實成熟後，黃又渾圓，但無法食用。

　　昭和初期時從北美傳進日本，由於可透過地下莖與種子雙管齊下繁殖，因此廣泛遍布日本本州各地。儘管花看起來很吸引人，但這大概是本種所計畫好的祕密策略，好讓初次見面的人能放下戒心。等到大家忍不住想伸手抓住它之後，才會察覺它的惡劣行徑。

左頁圖：2002年6月攝於愛知縣；上圖：2014年9月13日攝於神奈川縣

粗毛小米菊

日名：ハキダメギク ／ 學名：*Galinsoga quadriradiata* Ruiz & Pav. ／ 科名：菊科

　　粗毛小米菊，是原產於美洲大陸的歸化植物。溜進日本後，剛好被牧野富太郎[1]發現它盛開在垃圾堆裡的模樣，因此日文名才會被取為「掃溜菊」。其具有容易積灰塵的毛絨葉片，因此即便說得客氣點，也無法讓人覺得它的外觀有多整潔。只不過，它的花卉從春天開到初冬，在小孩眼中看來，仍相當可愛。

　　從本文所附特寫照片，可看見白色舌狀花的花瓣，很清楚的以三瓣為一組，並於末端呈現山型形狀，與它中間的黃色管狀花（詳見P.89注釋），呈現強烈對比。待開花結果後，會落下全身漆黑、附有突起的白色小巧果實，並以此再度討得小孩歡心。只是，等到小孩長大成人後再仔細一瞧，實在很納悶自己小時候竟然會為這種小東西興高采烈。然而，畢竟當時眼睛和手都還很嬌小，會出現那些反應也是理所當然。

　　◆**牧野富太郎**：日本的植物學家，被稱為「日本植物學之父」。

上圖大：2012年8月18日攝於東京都；上圖小：粗毛小米菊花朵部位特寫，2013年4月30日攝於東京大學校園

鬼針

日名：コバノセンダングサ / 學名：*Bidens bipinnata* L. / 科名：菊科

　　本篇要介紹鬼針，它與大花咸豐草（*Bidens pilosa* L. var. *radiata* Sch. Bip.）恰恰相反，僅具有管狀花，模樣小巧而土氣。由於植株尺寸明顯比其他來到日本的鬼針屬（*Bidens*）植物來得嬌小，葉緣裂痕也複雜許多，很容易就可分辨得出來。只是，每種鬼針的果實都很相似，一顆顆果實的末端，都具有複數、附有逆刺的芒狀短冠毛，很容易掛在衣服或毛皮上頭。

　　鬼針廣泛歸化於日本本州至九州，也出現在朝鮮半島、中國大陸、馬來西亞、印度、澳洲、歐洲，以及美洲大陸等地，幾乎席捲了全球所有地區。

上圖：2002年4月14日攝於愛知縣

大花咸豐草

日名：タチアワユキセンダングサ ／ 學名：*Bidens pilosa* L. var. *radiata* Sch. Bip. ／ 科名：菊科

　　第一次前往西南群島的人，若平常即喜歡植物，一定都會注意到大花咸豐草這種路邊野草。其果實的形狀，與秋天會附在衣服上、令人傷透腦筋的「大狼把草」（*Bidens frondosa* L.），以及鬼針一樣；其白色的舌狀花[1]，生長得又大又發達，會吸引絡繹不絕的花蜂和蝴蝶造訪，亦成了愛好昆蟲人士所注目的植物。

　　不過，倘若不小心把果實帶離島嶼，事情可就麻煩了——因為，大花咸豐草在日本本州也會旺盛繁殖。但它比較難在秋天以前開花，而且不耐寒，如今大概只定居在九州南部或四國一帶。其原產於熱帶美洲，於江戶時代[2]引入日本，屬菊科，又名「大花鬼針草」。

◆ **舌狀花與管狀花**：菊科植物中乍看像花的部分，其實是匯集了複數的花組合而成。以本種為例，那圍繞著外圍、一片片像白色花瓣的部分，就是一種叫做「舌狀花」的花；而聚集在中央的黃色部分，那一朵朵擠得密密麻麻的小花，則稱為「管狀花」。

❷ **江戶時代**：指1603年～1867年這段時期，又稱德川時代。

左頁圖：2010年5月15日攝於鹿兒島縣的屋久島
上圖：2014年5月24日攝於沖繩縣的西表島

毛馬齒莧

日名：ヒメマツバボタン／學名：*Portulaca pilosa* L.／科名：馬齒莧科

　　毛馬齒莧，是原產於熱帶美洲的歸化植物；也有人主張，其應與夏日花圃中常見的松葉牡丹（*Portulaca grandiflora* Hook.），歸類爲同種植物。松葉牡丹擁有各種普遍的栽培品種，花色繁多，另外也有重瓣花的種類，但本種卻只看得見基本款的紫紅花。毛馬齒莧的花型較小，若非小孩子的視線高度，很難讓人樂在其中，但其實只要仔細瞧，它看起來仍十分小巧美麗。稍微摸一下雄蕊，雄蕊們就會像七嘴八舌似的，亂哄哄的搖動身軀，將花粉撒在觸到花的陌生人身上。倘若來者是小蜂蟲之類的客人，牠們就會帶著滿身的花粉去拜訪別株花，無意間將花粉沾到其他花的雌蕊上。

　　在日本沖繩的海岸，也可看到近緣種的沖繩松葉牡丹（*Portulaca okinawensis* Walker et Tawada），其原生於隆起的珊瑚礁縫隙中——看來，這類植物原本就很擅長在縫隙中討生活。此外，其種子嬌小，易散播。

左頁二圖：2012年7月28日攝於東京都

加拿大蓬

日名：ヒメムカシヨモギ
學名：*Erigeron canadensis* L.
科名：菊科

　　加拿大蓬，是原產於北美洲的歸化植物。明治時代之後，一下子就遍布日本國內各地。加拿大蓬在日本，會沿著鐵道擴展勢力範圍，因此另有「鐵道草」之稱。其莖葉乾燥，模樣如雜草，花量多但尺寸嬌小，看起來很不起眼。

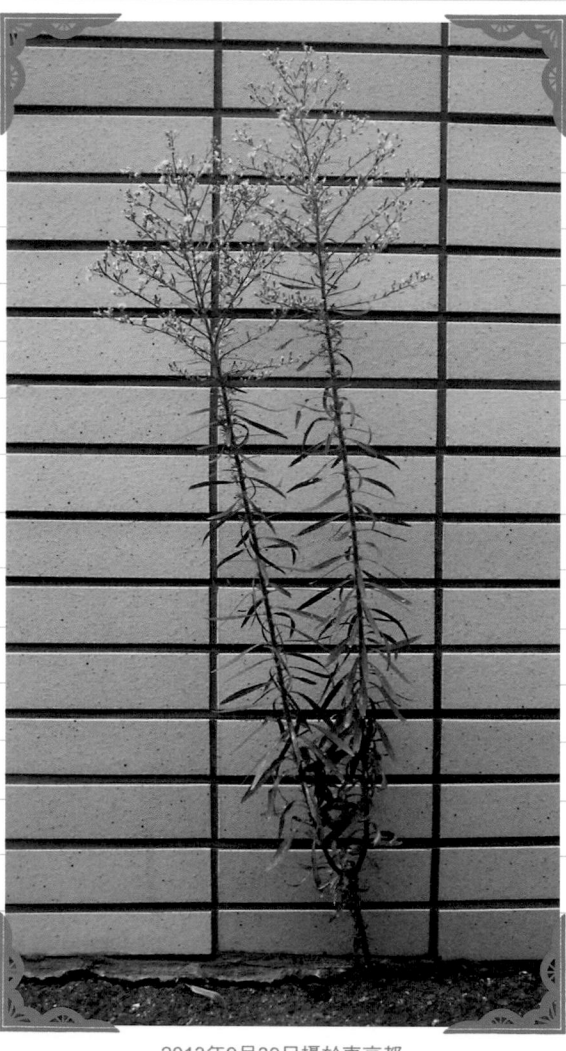

　　從本文照片可以看見，加拿大蓬的植株雖還沒長得很高就已經開花，但若建築物被夷成空地，它則立刻占地為王，一下子就能長到近兩公尺高左右。花凋謝之後，會四散大量具冠毛的果實，可乘風飛到遠處，因此不太需要擔心會斷了香火。

2013年9月30日攝於東京都

4

與人類共處很久

　　在縫隙中看得到問荊（筆頭菜，*Equisetum arvense* L.）並不稀奇，但在春天看到它的孢子囊穗露出縫隙卻很難得。對於喜歡占據廣大土地的問荊來說，縫隙的空間可能還是太過狹窄，只是，照片中的縫隙住起來似乎特別舒適，可以看見把儀容打點得好好的問荊，正在其中挺直腰桿。

　　問荊並不具備一般大眾化的葉片，植株看起來十分獨特，一直以來都被認為與一般蕨類是不同種類。不過，現在經過分子系統學的分析之後，可得知問荊乃屬於葉片退化後的蕨類植物之一。

上圖：問荊，屬木賊科，2005年3月攝於愛知縣

地楊梅

日名：スズメノヤリ
學名：*Luzula capitata* (Miq.) Miq. ex Kom.
科別：燈心草科

　　小型植物，日文名爲「雀の持つ槍」（雀槍），意指長得像以麻雀羽毛做的長槍；名字中所提到的槍，並非用來刺人的長槍武器，而指裝飾用的毛槍。

　　儘管地楊梅配色單調、簡單，但在看不太到花的初春時節裡，生長於矮草或苔蘚間的它，在孩子眼中仍然特別顯眼。焦茶色的苞片搭配奶油色的花藥，在配色上的對比也十分得宜。稍微用手碰一下，即釋放出超乎想像的大量淡黃色花粉，能惹得小孩子不亦樂乎。葉緣上生長著彷彿快要散落的些許白毛，給人留下很輕巧的整體印象。

　　遍布於日本全國，也分布於朝鮮半島、中國大陸，還有千島群島、庫頁島至堪察加半島。

2002年3月20日攝於愛知縣

豬殃殃

日名：ヤエムグラ
學名：*Galium spurium* L. var. *echinospermum* (Wall.) Hayek
科名：茜草科

初春時節，原本看似一片荒蕪之境，有時卻會突然冒出茂盛青草。其中，主要的植物種類，都習慣在冬天縮緊身軀，待氣溫上升後，再一口氣伸展出它們柔軟又粗糙的莖部——而本種就是這類春草的代表性植物。

豬殃殃，無論葉片或莖部，甚至是兩顆成對的小粒球狀果實也都具有逆刺，因此即使戴上棉質手套對抗茂盛過頭的豬殃殃，到頭來，逆刺和布料纖維還是會糾纏在一起，就連掉落的果實也會附著在鞋子或褲子上。

豬殃殃遍布於日本全國，也廣泛分布在亞洲、歐洲和非洲。

2011年3月攝於愛媛縣

東海蒲公英

日名：トウカイタンポポ ／ 學名：*Taraxacum longeappendiculatum* Nakai ／ 科名：菊科

　　談到蒲公英，大多會提到日本蒲公英與西洋蒲公英，但事實上不只那麼簡單。實際上，並沒有任何稱爲「日本蒲公英」的種類，而是指生長於日本各地、各式各樣別具特色的原生種蒲公英。

　　照片中的東海蒲公英，一如其名，主要分布於靜岡縣、愛知縣等地，是以東海地區爲中心的原生種。它的其中一項特徵就是，在它那長得像萼片的總苞[1]末端背後，具有角狀的突起物。其偏好草地環境，因此不像西洋蒲公英（詳見P.77）那麼喜歡縫隙。

[1] **總苞**：菊科植物身上，乍看像花的部分，稱為「頭狀花」，是由多數的小花叢集而成（花序）；看起來像花瓣的地方為「舌狀花」；而排列其中、長得像雄蕊或雌蕊的則是「管狀花」（詳見P.89註釋）。另外，長得像萼片的部分，則是包圍著花序的苞片。菊科植物的苞片會整個包圍住叢集的小花（花序），模樣宛如裹著花的萼片，因此特別稱為總苞；而位於花朵下方，能以有無捲曲來分辨是日本產或國外產蒲公英的部分，就是這裡所提到的總苞。

左頁圖與上圖：2002年3月20日攝於愛知縣

天葵

日名：ヒメウズ
學名：*Semiaquilegia adoxoides* (DC.) Makino
科名：毛茛科

　　初春時節，天葵會突然從地面竄出細長枝幹，張開特色十足的葉片，並挺直它同樣細長纖弱的莖部，枝梢還會陸續開出十分細小的小花，這是我小時候很喜愛的花朵之一。

　　花凋謝後，天葵會急著結實散種，並在轉眼間消失蹤影。它會生長在落葉樹林底下，並趕在樹林變得濃密前進行光合作用，預先為明年的生活做準備，採用了短生植物（Spring ephemeral）的生活形態。倘若是生長在照片中那樣的縫隙裡，天葵大可不必那麼著急，只可惜，植物並不具備這樣的理解能力。

2002年3月20日攝於愛知縣

刻葉紫菫

日名：ムラサキケマン
學名：*Corydalis incisa* (Thunb.) Pers.
科名：紫菫科

　　刻葉紫菫，春天時會在平地的原野上開花，是一種外型獨特的野草。由於花形和葉形都獨具特色，因此只要看過一次就很難認錯。照片中的花色為基本款，另外還有顏色再稍淡一些的種類。

　　刻葉紫菫的花凋謝後，會結出短胖的果實，成熟後，只要受到一點刺激就會破裂，讓裡面的黑色種子彈飛到遠處。倘若種子正好飛到縫隙當中，刻葉紫菫便會好好利用其中的空間來生活。只不過，本種所列屬的紫菫屬（*Corydalis* ❶），大多偏好陰涼潮濕的氣候，較不喜日照強烈的乾燥環境。

2009年3月30日攝於東京都

　　刻葉紫菫，日文名為「紫華鬘」；華鬘 ❷，是一種裝飾用的佛具。刻葉紫菫過去被列為罌粟科，現在則獨立出來為紫菫科。

◆❶紫菫屬（*Corydalis*）：另稱為「延胡索屬」。
◆❷華鬘：鬘讀作「蠻」。

酸模

日名：スイバ
學名：*Rumex acetosa* L.
科名：莧科

酸模，別稱「スカンボ」（酸葉），因年輕的莖葉具有草酸酸味，而得名。其在日本各地普遍很常見，在北半球的溫帶地區也看得到蹤跡。酸模分爲雄株和雌株，雄花會利用風散播花粉，使雌花授粉。由於不需昆蟲協助，因此植株整體呈綠色，只帶有些許紅色點綴。

就像許多會縮小身軀度過寒冬、待春天再一口氣爭相伸展腰桿的野草一樣，酸模的莖部也同樣中空輕巧，很輕易就可折斷；不過，它的地下部則隨年生長，成長爲黑硬飽滿的塊狀體。

酸模，生性偏好寬敞的空地或草地，但有時也會鑽進縫隙裡生活。其原本被歸爲蓼科[1]，新的分類系統則合併到莧科中。

2005年4月攝於愛知縣

◆蓼科：蓼讀作了不起的「了」。

細葉蘭花參

日名：ヒナギキョウ
學名：*Wahlenbergia marginata* (Thunb.) A. DC.
科名：桔梗科

如果把焦點放在花上，那麼，細葉蘭花參的花色和造型的確十分小巧可愛，與其日文名「雛桔梗」給人的印象毫無二致。只是，其莖葉無論左看右看，都嬌小纖瘦到讓人覺得很弱不禁風。

細葉蘭花參，分布於日本關東地區以西、西南群島，以及小笠原群島，也分布在朝鮮半島、中國、東南亞至澳洲。爲多年草本。倘若細葉蘭花參有辦法隨年生長，長得茂盛又粗壯，應該也很適合利用於園藝用途。但神奇的是，即便經過多少歲月的流逝，其枝條仍然又少又瘦弱。看來，細葉蘭花參果然是比較適合野外的花。

◆ **小笠原群島**：位於東京以南一千多公里的一個群島，由三十多個小島組成，最有名的是硫磺島、父島以及母島。

2002年6月攝於愛知縣

早熟禾

日名：スズメノカタビラ／學名：*Poa annua* L.／科名：禾本科

　　早熟禾，世界各地都看得到蹤跡的一種小型植物。像是在田地、庭院、盆栽等等，只要有泥土的地方，早熟禾都有辦法生長，更是流連縫隙的常客。

　　其具有柔軟短小的葉片，並結有大量花穗，會慢慢在四周生長繁殖。由於根部出乎意料發達，很難連根拔除，因此倘若不小心對嬌小的早熟禾大意、心軟，它可是會在轉眼間占據周遭土地，可說是禾本科植物中發展得最成功的種類之一。

　　矮小的早熟禾一旦混進草坪，就會破壞掉原本修剪好的草坪高度，在高爾夫球場的管理作業中，被視為擾人的眼中釘。

上圖：2013年4月6日攝於東京都

珠芽佛甲草

日名：コモチマンネングサ ／ 學名：*Sedum bulbiferum* Makino ／ 科名：景天科

　　珠芽佛甲草，小型植株，是富含水分又柔軟的草。初春時，會開出黃色的花，並從葉腋冒出珠芽；這些珠芽會一顆顆分離四散，發揮繁殖器官的功能。由於這些與眾不同的特色，珠芽佛甲草也是我小時候喜愛的植物之一。

　　珠芽佛甲草的染色體數量為奇數，無法平均分裂成一半（詳見P.15注釋），沒辦法結出果實，但可透過珠芽進行無性繁殖。其分布於日本東北地區以南至沖繩，還有朝鮮半島及中國大陸。另外，在對馬島，還有長得更大型、珠芽是生長在地底下的「高麗珠芽佛甲草」（*Sedum rosulatobulbosum* Koidz.[1]）。

◆**①高麗珠芽佛甲草**：因無中文名稱，在此以其日文名「コウライコモチマンネングサ」
　　直譯→「コウライ」（高麗）；「コモチマンネングサ」（珠芽佛甲草）。

上圖：2004年5月6日攝於愛知縣

白芨

日名：シラン / 學名：*Bletilla striata* (Thunb.) Rchb. f. / 科名：蘭科

　　在日本產的蘭科植物當中，白芨是最容易栽培的種類，它喜歡日照良好、水氣豐富的草地或岩石間。原生於日本本州中南部至沖繩，但目前白芨的原生地已開始逐年減少。

　　街頭上，看得到的白芨栽培品系儘管都長得差不多，但生長於原生地的白芨，無論花開方式或配色，都具有繽紛多樣的類型。其結實率良好，會大量散播出纖細的粉狀種子，只要附近有合適縫隙，很容易就能溜進裡面落腳，不需蘭花菌根真菌的幫助即可發芽，在蘭科植物中可說相當少見。

　　目前在園藝用途上，有會開出奶白色小花的「白花白芨」（*Bletilla striata* (Thunb.) Rchb. f. forma *gebina* (Lindl.) Ohwi)、只有唇瓣部分有顏色的「口紅白芨」（*Bletilla* striata (Thunb.) Rchb. f. 'Kutibeni')，還有葉片上會出現葉斑的品系。另外，最近在市面上也販售藍花品系。

　　中國大陸等地，還有會開黃花或小型植株的近緣種，交配起來很簡單，因此現在也培育出了雜交品種。由於白芨強壯堅韌，亦可嘗試與其它屬別的植物交配，在園藝價值上仍有相當大的發展空間。

左頁圖：2002年4月29日攝於三重縣；上圖：白芨的栽培品種，攝於2005年5月23日

兔仔菜

日名：ニガナ
學名：*Ixeris dentata* (Thunb.) Nakai
科名：菊科

　　兔仔菜，普遍分布於日本全國各處的草原與荒地。在平地，它春天開花；在山地，則於初夏至盛夏時節開花。此外，在亞高山地區，也可在山道正中央看見開花的兔仔菜。

　　由於個體數多、種內變異豐富，還另有白花型的「白兔仔菜」（*Ixeris dentata* (Thunb.) Nakai var. *albiflora* (Makino) Nakai）、高山型的「高山兔仔菜」（*Ixeris dentata* (Thunb.) Nakai subsp. *alpicola* (Takeda) Kitam.，詳見P.167）等種類。

　　在沖繩，可食用的「ニガナ」（苦菜）並非本種，而是一種叫做「細葉假黃鵪菜」（*Crepidiastrum lanceolatum* (Houttuyn) Nakai）的植物。它雖與本種同為菊科，卻為不同屬植物，原生於海岸，葉片也比本種更大片、厚實。

生長在河邊巨岩縫隙中的兔仔菜，2002年4月29日攝於三重縣

蔓苦蕒

日名：ジシバリ
學名：*Ixeris stolonifera* A. Gray
科名：菊科

　　蔓苦蕒，其日文名「地縛り」，具束縛地面之意，走莖會朝四周縱橫發展，占據日照良好的荒地。其與兔仔菜爲同屬植物，由於親緣相近，讓人留下與兔仔菜長得很相似的第一印象。

　　然而，本種的葉片不僅呈橢圓形，葉柄也很顯眼。根據這些特色，便可與葉片末端尖細、葉基抱莖的兔仔菜加以區別。此外，除了花莖，蔓苦蕒的莖部，基本上呈藤蔓狀匍匐於地面，而兔仔菜則是葉片呈放射狀排列，花莖挺立於中心。

　　蔓苦蕒在日本全國各地普遍可見，另也分布於朝鮮半島和中國。

2002年4月攝於三重縣

薺

日名：ナズナ
學名：*Capsella bursa-pastoris* Capsella
科名：十字花科

日本人在春天時吃七草粥[1]時，會加入本種的葉片。不過，韓國人則習慣將其根部拿來做成像泡菜的醃漬食品。薺的根部，在貧地難以發達，但只要一換到農地就會變得結實強壯，吃起來也會散發出獨特的好滋味。其果實呈倒三角形，與其他種類有明顯區別。

薺[2]，與作為研究材料而聞名的「阿拉伯芥」（*Arabidopsis thaliana*（L.）Heynh.，詳見P.110），同為十字花科植物，卻是其他屬別植物，兩者的果實形狀也有明顯差異。儘管薺的葉片大多如照片所示，具特色十足的葉緣裂痕，但其中還是有不具葉緣裂痕的品系，生育環境也有所變化。它廣泛分布於北半球的溫帶地區。

▶七草粥：加了七種春天的葉菜熬煮而成的粥。在日本傳統習俗裡，每年1月7日都會吃七草粥，祈求一整年無病無災。
▶薺：讀作「薺」。

2014年4月1日攝於東京都

濕生葶藶

日名：スカシタゴボウ
學名：*Rorippa palustris* (L.) Besser
科名：十字花科

濕生葶藶，日文名為「透し田牛蒡」。初春時節，若在平地看到照片中這種具黃綠色葉片、並附有黃色小花的十字花科植物，基本上，不是本種，就是近緣種的葶藶（山芥菜，*Rorippa indica*（L.）Hiern）。

葶藶的果實，會老老實實的生長得越來越長，但本種的果實卻是像照片中那樣粗短生硬，彼此之間的果實外型有所差異。在都市地區的縫隙中，以葶藶較常見；而濕生葶藶所生活的環境，附近大多有農地或水田。兩者皆廣泛分布於北半球的溫帶地區。

2014年6月8日攝於長野縣

果實的形狀

　　十字花科植物的果實，造型多變，我們經常可透過果實種類加以分辨。

　　像「薺」的果實為倒三角形，「阿拉伯芥」的果實長得生硬粗短，「蘿蔔」（*Raphanus sativus* L.）則具有凹凸不平、飽滿肥厚的果實，末端還呈現銳利的尖形。這些變化多端的形狀種類，便成為調查十字花科植物果實形態進化的材料，十分受到注目。

　　其中，廣泛用於實驗研究的植物種類，要數十字花科的葶藶。葶藶原本的果實形狀，就像右頁照片中那麼細長，不過在目前的研究裡，已對於能讓果實形狀產生劇烈改變的遺傳因子，有了詳細認識。例如左圖中的葶藶果實，正是改變了我們刻正研究的ROT4遺傳因子的運作，導致果實形狀變成與薺方向相反的三角形。

　　現在，世界各國都會透過這些實驗資訊，來研究遺傳因子要出現什麼樣的變化，才會造成果實形狀產生進化。

左圖：皆為栽培於東京大學的葶藶果實，攝於2015年2月6日。左邊三種是改變了ROT4遺傳因子運作、導致外型產生變化的葶藶果實，形狀與正常的野生型果實（右邊三個）大不相同。至於薺的果實，雖也同樣呈三角形，但方向卻上下相反。

右頁圖：葶藶，2014年3月24日攝於東京都

天南星

日名：テンナンショウ / 學名：*Arisaema* sp. / 科名：天南星科

　　天南星，為天南星屬（*Arisaema*）植物，它的外型正如日文名「蝮草」，長得很像擺出備戰姿勢的蛇。日本各地有許多天南星屬植物，種內變異也相當顯著，種類甚至多到足以出版一冊天南星屬的專屬圖鑑。

　　天南星的花呈小型顆粒狀，就像玉米粒般一朵朵排列在花軸底部，並且被名為「佛焰苞」的巨大苞片團團包裹，這是天南星科植物才有的獨特外型。像是紅色的花燭屬（*Anthurium*）植物，還有純白的白鶴芋（*Spathiphyllum*）等等，也是其他具有佛焰苞、又貼近人們生活的天南星科植物。

　　由於天南星的莖葉含有大量草酸鈣結晶，就連貪吃的鹿也不喜歡它，因此即使日本本州的鹿近年來過度繁殖，森林中還是經常可見這類植物。本文的照片，正是拍攝於鹿群所棲息的宮島。由於宮島上的植物長年遭受鹿的迫害，因此為了躲避鹿的威脅，我們可發現，像車前草（*Plantago asiatica* L.）等植物的植株，都開始漸漸出現小型化的趨勢。

左頁圖：2002年5月11日攝於廣島縣

忍冬

日名：スイカズラ
學名：*Lonicera japonica* Thunb.
科名：忍冬科

　　忍冬，具獨特花形與纏繞特性，因此不太容易被誤認爲其他植物。剛開花時，花色爲白色，之後會再逐漸帶點黃色，因此忍冬另稱「金銀花」。其花朵香氣芬芳，也具園藝觀賞用途。英文的「Honeysuckle」是忍冬屬植物的通稱，在歐美也有近親種，但它的生活能力更爲優越，近年也因園藝用途被引進歐美，在當地馴化，並茂盛繁殖，甚至還出現威脅原生種的可能性，恐造成生態問題。此情況，正如日本的蒲公英原生種與歸化種之間的關係。

　　忍冬遍布日本全國各地，也分布於臺灣、朝鮮半島和中國大陸。

2003年5月攝於宮城縣

長葉繡球

日名：タマアジサイ
學名：*Hydrangea involucrata* Sieb.
科名：八仙花科

倘若把象徵梅雨季的繡球花原種「山繡球」（*Hydrangea macrophylla* (Thunb. ex Murray) Ser. f. *normalis* (Wilson) Hara，詳見P.152），歸類為海之花；那麼，長葉繡球就可稱為河之花了。長葉繡球喜歡空氣濕度較高的環境，例如像是位於涓涓細流旁的斜坡等地。其葉片覆滿茂密絨毛，觸感柔軟又具光澤，與葉片厚實生硬的山繡球恰恰相反。

2002年9月攝於愛知縣

其花序在發育時，會被包裹在淡紫色的苞片裡，外形如圓球狀，因此日本人才會稱它為「玉紫陽花」。分布於日本福島縣、關東地區，至岐阜縣。中國大陸和臺灣也有極相似的種類，但目前還未議論出兩者是否為同種植物。儘管長葉繡球很少被拿來當作一般家庭的庭園花木，倒是經常用作茶會宴席的裝飾。

❶玉紫陽花：玉，在日文漢字中，為「圓球」之意。

博落迴

日名：タケニグサ / 學名：*Macleaya cordata* (Willd.) R. Br. / 科名：罌粟科

　　一直以來，很多人都會誤解博落迴的日文名「竹似草」由來。如今一些圖鑑，仍寫有「因與竹筍一起烹煮，可讓竹筍煮得更加軟爛而得此名」這樣的描述。然而，博落迴的植株不但具有毒性，在春筍時期也幾乎不見蹤影，可見，這種說法十之八九只是都市傳說。

　　在中村浩的著作《植物名稱的由來》（植物名の由来）中，則認為由於博落迴長得像竹子，因此在日本才會被叫做竹似草。到了秋天，可看見博落迴像本頁

下方照片一樣，其密密麻麻的果莖末端吊掛著眾多黃褐色果實。若只單看博落迴的果莖，看起來的確滿像竹子的枝條。

　　由於博落迴長得相當巨大，經常會被列為拔除對象，不過，它仍然會在都市地區尋找縫隙居住，或像左頁照片中那樣，親自打造出縫隙空間，以確保自己的生活居所。

左頁圖與右圖：2008年7月31日攝於東京都；
左圖：博落迴的果實，2014年10月25日攝於東京大學的小石川植物園

紅蓋鱗毛蕨

日名：ベニシダ ／ 學名：*Dryopteris erythrosora* (D. C. Eaton) Kuntze ／ 科名：鱗毛蕨科

　　紅蓋鱗毛蕨這種蕨類植物（日文名為「紅羊齒」），經常種植於平地的老庭園裡。由於其剛萌芽的嫩葉附有鱗毛，又帶有獨特的粉紅色，而位於成熟葉片背面的孢子囊[1]也呈現紅色，所以才會叫做紅蓋鱗毛蕨。

　　其植株雖然較為巨大，但不會不分青紅皂白的茂盛繁殖，而是待在原本種植的地方靜靜生活，很適合為日本庭園帶來古色古香氣氛。分布於日本本州至四國、九州，還有吐噶喇列島[2]。種內變異多，另外也有許多親緣很近的相似種，因此很難正確的分類。

◆孢子囊：蕨類植物不具種子，而藉由散播孢子來拓展生育地。蕨類植物會在葉片上的某些特定地方，生長出宛如袋子的孢子囊，並在囊袋裡孕育孢子。依照植物種類不同，有些蕨類葉片背後會排滿一整面孢子囊，討厭眼狀圖案的人要是翻開葉片背後一看，可能會頭皮發麻。

❷吐噶喇列島：是西南群島北部的一個群島，行政劃分隸屬於鹿兒島縣的十島村。

左頁圖：2002年4月6日攝於愛知縣
上圖：葉片背後的孢子囊群，2006年8月31日，
以實體顯微鏡攝自生於東京大學校園的紅蓋鱗毛蕨

款冬

別名：蜂斗菜 / 日名：フキ / 學名：*Petasites japonicas* (Siebold et Zucc.) Maxim. / 科名：菊科

　　本種的花蕾是頂級的春天食材，只要縱向切成一半，撒點鹽，用油煎一下，就會散發獨特香氣和香醇滋味。款冬的生長速度相當快，一轉眼就會長大開花，雌花還會結成果實，飛散至別處。

　　分布於日本本州岩手縣以南，還有朝鮮半島及中國。另以大型植株而聞名的大蜂斗菜（*Petasites japonicus*（Siebold et Zucc.）Maxim. subsp. *giganteus*（G. Nicholson）Kitam.），則是本種的北方型亞種，除了出現在款冬所分布地區，也在北海道、千島群島和庫頁島現蹤跡。

　　由於食用栽培相當盛行，因此不乏看到款冬利用它匍匐在地的地下莖優勢，挺進住家附近的縫隙中生活。

牛筋草

日名：オヒシバ／學名：*Eleusine indica* (L.) Gaertn.／科名：禾本科

　　牛筋草（日文名爲「雄日芝」），是常見於人群聚落的禾本科雜草，經常與花穗更爲細長的升馬唐（*Digitaria ciliaris* (Retz.) Koeler）共同混生。如今鮮少種植栽培的雜穀類作物「穆子」（*Eleusine coracana* (L.) Gaertn.），是本種的同屬近緣種；然而，植株纖細、外觀乍看相似的升馬唐，卻與本種完全不同屬，彼此之間沒什麼深刻的近緣關係。縫隙中，比較常見到牛筋草的身影，大概是纖細修長的升馬唐較爲顯眼，很容易就被當作目標拔除乾淨。

　　牛筋草廣泛原生於日本本州至沖繩，及小笠原群島，並分布於世界各地的溫帶至熱帶地區。

虎葛

別名：烏斂莓 / 日名：ヤブガラシ / 學名：*Cayratia japonica* (Thunb.) Gagnep. / 科名：葡萄科

　　正如本書開篇所介紹，分布於日本關東以北的虎葛個體，皆為三倍體，中部地區以西則混有二倍體。出乎人意料的是，在我們2003年發表論文加以指出之前，從來沒人注意到這件事。

　　因此翻看過去的圖鑑內容時，可發現一件很有趣的事。東京大學體系的圖鑑會寫「虎葛不會結果」，而京都大學體系的圖鑑則寫「虎葛會結黑色果實」。看來在久遠的過去裡，東西兩邊的大學似乎鮮少有所交流。即使到了現在，東京大學的植物標本庫仍以東日本地區的植物為主，京都大學則以西日本的標本為主。

　　和三倍體相比，二倍體的葉片較薄，花序也較華麗。三倍體的葉片一定都是五片小葉為一組，但二倍體的新芽末端經常是三片一組。虎葛的褐色根莖相當發達，席捲了地底，是一種只要冒出地面、無論怎麼拔都會不斷再生的麻煩雜草；因此對它們來說，居住在縫隙裡，當然也是輕而易舉的事。

　　泉鏡花在《二、三羽～十二、三羽》（大正十三年，西元1924年）所提及的「唐獨樂」，應該就是指本種——「當時摘來的唐獨樂，不知曾幾何時長出了秋雨之草，沿著圍牆成長茁壯。」

◆**泉鏡花**：活躍於明治後期至昭和初期的日本小說家，著有《照葉狂言》、《歌行燈》等作品。

左頁上圖左：三倍體虎葛，2004年8月攝於東京都
左頁上圖右：二倍體虎葛，2002年9月攝於京都大學校園
左頁下圖：虎葛花序掃描圖，2014年9月20日攝於東京大學校園

欅樹

日名：ケヤキ / 學名：*Zelkova serrata* (Thunb.) Makino / 科名：榆科

　　欅樹是構成武藏野[1]景色的代表樹種，分布廣闊，原生於日本本州至九州，以及朝鮮半島、臺灣和中國大陸。除了是深受重用的建築建材，也常用在重現大樹枝枒美學的盆栽中。近年，已越來越難看到具有自然樹形的大樹，只能透過盆栽觀賞樹木原本的姿態，實在可惜。

　　依個別樹木而異，欅樹的紅葉色調會變成黃色、或近乎紅磚瓦，色彩變化多端；而結有果實的欅樹枝條，則隨葉片從底處整根掉落，乘著風將種子運送到遠處。

❶武藏野：東京都、埼玉縣及神奈川縣的一部分地區。

左頁圖：2012年8月22日攝於東京都
上圖：結有果實的欅樹枝條，2014年10月9日攝於東京大學校園

野莧菜

日名：アオビユ / 學名：*Amaranthus viridis* L. / 科名：莧科

　　野莧菜，與過去曾是食用蔬菜的「莧菜」（*Amaranthus tricolor* L.），以及模樣相似的「凹葉野莧菜」（*Amaranthus blitum* L.），都是日本各地市街與農田中常見的雜草。原產於熱帶美洲，但現在已廣泛歸化於溫帶至副熱帶地區。

　　本種莖部末端的花穗常有分歧，但原產於印度的莧菜幾乎不會出現這種狀況，叢集的小花之間亦保有間隔距離；至於凹葉野莧菜的花穗末端，則是又粗又短。由於這些莧菜都是依靠風來散播花粉，所以花色都呈低調而簡單的綠色。

左頁圖：2007年7月25日攝於東京都；上圖：2002年7月攝於愛知縣

藎草

日名：コブナグサ
學名：*Arthraxon hispidus* Mak.
科名：禾本科

　　藎草，是最貼近日常生活的禾本科雜草之一。其莖部纖細，卻意外堅硬，能讓它一邊匍匐於地面，一邊活力十足的拓展分枝，並從各處生長出根部，長出歪扭奇特的茂盛葉片。由於葉片形狀長得像鯽魚，藎草在日本被稱爲「子鮒草」，只不過看上去似乎有點牽強。

　　它在秋天冒出頭的花穗，比芒還要再嬌小一些，一株株挺立在向四周擴延的莖梢上，只要看過一次就不太會誤認成其他植物。自古以來，藎草經常用於植物染，像是八丈島的黃八丈[1]就是運用本種來做染製。在日本各地普遍可見，另也廣泛分布於亞洲的溫暖地區。

◆**黃八丈**：日本八丈島（伊豆群島中的一個島嶼）的傳統工藝織品，運用了植物染製作而成。

2004年8月攝於愛知縣

飛揚草

日名：シマニシキソウ
學名：*Euphorbia hirta* L.❶
科名：大戟科

　　儘管飛揚草是一種不具亮麗外型的雜草，但只要一見到它，就會讓人有種來到了溫暖地區的真實感。飛揚草常見於日本近畿地區以西，以及西南群島，此外也廣泛分布於其他副熱帶及熱帶地區，且大部分都會現身於農地。雖與岩大戟（*Euphorbia jolkinii* Boiss.，詳見P.147）同屬，但飛揚草的地下莖卻無法像岩大戟那樣，能夠俐落的挺直身軀。

　　飛揚草，與地錦草（*Euphorbia humifusa* willd）、斑地錦（*Euphorbia maculate* L.）❷，以及大地錦（*Euphorbia nutans* Lag.）等在日本本州普遍可見的近緣種相比，雖然都具有兩片一組的葉片及獨特的分枝模式，莖部也習慣匍匐在周圍或朝斜上方生長，但飛揚草的植株更為大型，葉片上也有披毛。

2009年7月20日攝於沖繩縣那霸市

❶ **飛揚草**：目前較常使用的學名為*Chamaesyce hirta* (L.) Millsp.。

❷ **斑地錦**：目前較常使用的學名為*Chamaesyce maculata* (L.) Small。

鳳尾蕨

日名：イノモトソウ
學名：*Pteris multifidi* Poir.
科名：鳳尾蕨科

　　鳳尾蕨的日文名爲「井の元草」，意指生長在水井旁的蕨類植物。在原生林中幾乎看不見鳳尾蕨的身影，但在市街地區卻很普遍常見，是最貼近人們日常生活的蕨類植物之一。鳳尾蕨特別偏愛石牆，從日本東北地區南部至西南群島，只要是歷史悠久的石牆幾乎都有它的蹤影。而只要看到具有這種外型、葉片又稍帶粗糙觸感的蕨類植物，十之八九就是本種或是其近緣種。

　　鳳尾蕨它那長了孢子的葉片，會沿著葉緣朝背面反捲，反捲的葉緣內側則排列著深紫褐色的孢子囊，讓葉片背面看起來有如鑲了邊似的。

2009年6月3日攝於東京都

碎米莎草

日名：コゴメガヤツリ
學名：*Cyperus iria* L.
科名：莎草科

碎米莎草，日文名爲「小米蚊帳吊」，是莎草屬植物中最普遍可見的種類之一。只要看到葉片細長、花排列得像仙女棒的煙花，莖部斷面又呈三角形的植物，基本上就是莎草屬（*Cyperus*）植物的同伴。

碎米莎草原本就多生長於農田或空地，但近年來這些空間逐漸減少，導致它們開始慢慢流離失所。它們不喜乾燥環境，因此多生活在排水溝附近等水氣充足的縫隙。

其蹤跡遍布日本本州至西南群島，此外也廣泛分布於印度、馬來西亞、澳洲，甚至是非洲。

2013年8月30日攝於神奈川縣

構樹

日名：カジノキ / 學名：*Broussonetia papyrifera* (L.) L'Herit. ex Vent. / 科名：桑科

　　構樹，是一種樹高四公尺左右、最高可長到十幾公尺的落葉樹。分布於中國南部至馬來西亞，可作為布料原料，自古以來即廣泛栽培於各地，因此目前尚不清楚其真正原生地。至於為了製作和紙而栽培的楮◆（*Broussonetia kazinoki* × *Broussonetia papyrifera*），則是由本種與小構樹（*Broussonetia kazinoki* Sieb.）孕育出的種間雜交種。

　　構樹的橘色成熟果實，儘管乍看鮮嫩多汁，但吃起來口感滑溜，沒什麼甜味。構樹很受野鳥歡迎，使得母株附近的子樹往往得閃躲周遭散落的鳥糞，才能發芽生長。此外，構樹也很擅長生活在縫隙中，因此經常能在都市地區看到。

　　由於構樹的莖葉在發育時期相當柔軟，很容易被誤以為是草，但只要記得長大成小樹的獨特葉形就不會再弄錯了。

◆楮：讀作「楚」。

左頁圖：構樹的果實，2007年8月25日攝於東京都
上圖左：2013年9月24日攝於東京都；上圖右：2012年7月21日攝於東京都

五蕊油柑

日名：ナガエコミカンソウ ／ 學名：*Phyllanthus tenellus* Roxb ／ 科名：大戟科

　　五蕊油柑，目前推測是原產於非洲的歸化植物，喜炎熱環境，種子繁殖力旺盛，因此在植物園的溫室裡特別容易雜草化。其莖部纖細苗條，含有蠟質的嬌小葉片可防水，又排列得清爽整齊，由此較易獲得溫情待遇，在市街上不太會被列為拔除對象。由於這些原因，使得五蕊油柑在深夜高溫不斷的東京都內，開始急速拓展它的勢力範圍。但五蕊油柑繁殖力強大，今後有持續觀察的必要。

　　五蕊油柑的花梗又長又顯眼，在同類植物中較稀奇少見，並與具有前輩身分的歸化植物、日文漢字寫作「小蜜柑草」的葉下珠（*Phyllanthus urinaria* L.）為同屬，彼此的模樣又很相似，因此其日文名為「長柄小蜜柑草」，屬大戟科。

左頁圖：2014年7月5日攝於東京都；上圖：2014年7月3日攝於東京都

地錦

日名：ツタ／學名：*Parthenocissus tricuspidata* (Sieb. & Zucc.) Planch.／科名：葡萄科

　　地錦，是蔓性植物當中最貼近人們日常生活的植物之一，會利用自己末端具有吸盤的特殊枝條，自由自在的攀登紅磚瓦牆或水泥牆。地錦的吸盤與人工製橡膠吸盤不太一樣，其吸盤內側會配合目標牆面的凹凸而巧妙變形，非常靈巧。

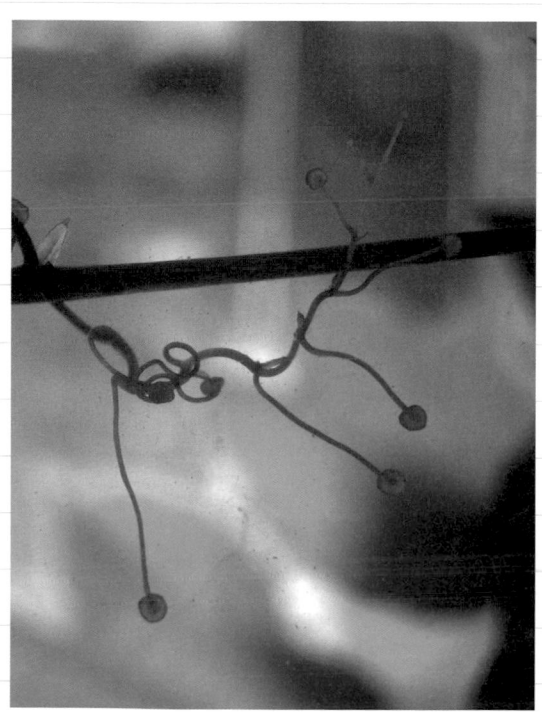

　　地錦隸屬葡萄科，會結出許多很容易讓人以為是葡萄、顆粒小巧又帶有果粉的黑紫色果實，並且透過鳥類覓食來散播種子。宛如幸運草的三片小葉，大多逐漸轉變成美麗的紅葉。地錦分布於北海道至九州，以及朝鮮半島、中國。

左頁圖：2013年8月24日攝於東京都
上圖：具有吸盤的地錦枝條，正攀越玻璃窗；2006年6月28日攝於東京都

金線草

日名：ミズヒキ／學名：*Persicaria filiformis* (Thunb.) Nakai／科名：蓼科

　　金線草，日文名「水引」❶，源於結在穗桿上的果實顏色。如左頁照片拍攝到的果實，從上方看呈深濃的紅色，另一面則是美麗的白色；花也與果實一樣，每一朵都是紅白分明。

　　金線草的模樣楚楚可憐，是適合裝飾於茶室的野草，但其實它的體魄相當強健，地下部與地上部的形象天差地遠——具有粗糙漆黑的塊莖，即使想清除乾淨，也無法輕易連根拔除。每棵植株的結實數量繁多，繁殖力相當旺盛，即使費盡千辛萬苦拔除了好一部分，也只是讓金線草的花量密度變得恰到好處。

　　金線草遍布於日本全國境內，也分布在中國至中南半島，連喜馬拉雅山也會現蹤。

❶水引：指裝飾在祝儀袋（類似紅包袋）或禮品上的細繩，在喜慶場合上多使用紅白兩色。

左頁圖：金線草的花，以及發育中的果實特寫。2014年9月29日攝於東京大學的小石川植物園
上圖：2008年9月20日攝於神奈川縣

日本牛膝

日名：イノコヅチ / 學名：*Achyranthes bidentata* Bl. var. *japonica* Miq. / 科名：莧科

　　在日本，人們秋天會拿來玩魔鬼氈遊戲的植物，總共有三種類型。一種是包含本種在內的牛膝屬（*Achyranthes*）植物，可直接用手拿著花穗來惡作劇；一種是菊科植物蒼耳（*Xanthium sibiricum* Patrin ex Widder）的果實，可以把大顆粒的果實一顆顆拿來互丟；另一種則是鬼針屬（*Bidens*）植物（詳見P.87），可揮舞結了果實的莖條來玩耍。

　　至於日本牛膝，其果實上附有曲線狀尖刺，又具適度彈性，只要一穿刺進布料纖維裡，就很難立刻擺脫它。

　　在相似種類之中，多現蹤於都市地區的和牛膝（*Achyranthes bidentata* Blume var. *fauriei* (H. Lév. et Vaniot) Yonekura），要比日本牛膝更會結實，果實纍纍滿結。這兩者皆普遍分布於日本本州至九州。

左頁圖：2013年11月20日攝於東京都；上圖：2013年12月2日攝於靜岡縣

八角金盤

日名：ヤツデ ／ 學名：*Fatsia japonica* (Thunb.) Decne. et Planch. ／ 科名：五加科

在日本，人們大多靜靜的將八角金盤種植在住家後方；但在歐美或澳洲，也許是出於喜歡東方文化，有些人家會把它種植在住家正門口等顯眼地方。此外，像東瀛珊瑚（*Aucuba japonica* Thunb.）或玉簪花（*Hosta*）等類型的植物，在國

外所受的待遇，相較於原產地日本，也同樣天差地遠。由於這些植物在日本十分常見，早已讓人留下喜歡居於蔭處的不起眼印象，因此並不太受矚目。

八角金盤會在冬天開白色的花，成為食蚜蠅（Syrphidae）的休憩場所；成熟的果實呈黑紫色，是野鳥最愛的美食。多虧野鳥造訪，才能讓果實掉落在各地街頭，生長出幼苗。八角金盤普遍分布於日本茨城縣以南至九州，屬五加科。

左頁圖：八角金盤的花，2014年11月15日攝於東京都
上圖：2002年3月20日攝於愛知縣

善加運用縫隙來栽培

　　若說縫隙在自然界中是很舒適的生活環境，那麼當然也會被運用在園藝及栽培的世界裡。植物之所以喜愛縫隙，是因為身旁不會出現麻煩的鄰居。像是右頁的兩張照片，便將萵苣（*Lactuca sativa* L.）和細梗絡石（*Trachelospermum asiaticum* (Siebold et Zucc.) Nakai），採用覆蓋各苗株根部的覆蓋栽培法（Mulching），善加發揮了縫隙的優點。例如萵苣藉由覆蓋栽培法，可透過地熱來保溫，有望促進生育。

萵苣

　　萵苣是高原蔬菜的代表種，在田地上鋪好塑膠布，每隔一段固定距離便挖洞種植苗株，這些洞對每株苗株來說等同於縫隙，讓萵苣不需擔心身邊會出現雜草，可安心的成長茁壯。屬菊科。

細梗絡石

　　照片中的細梗絡石個體，為具有斑葉的栽培品種。其日文名為「定家葛」，源於它曾生長在藤原定家❶的墓碑周圍；不過除此之外，它當然也普遍原生於日本本州、四國和九州。

　　細梗絡石的花色，一開始是白色，之後會逐漸轉變成淡黃色，散發出美好的香氣。種子具長毛，會乘著風飛向遠處，只是形狀對縫隙來說過於細長，目前還不曾在市街的縫隙中看見它。屬夾竹桃科。

❶**藤原定家**：日本鎌倉時代（1185～1333年）的和歌詩人。

右頁圖上：萵苣，2014年6月7日攝於長野縣
右頁圖下：細梗絡石，2013年11月28日攝於奈良縣

全緣貫眾蕨

日名：オニヤブソテツ
學名：*Cyrtomium falcatum* (L. f.) Presl
科名：鱗毛蕨科

全緣貫眾蕨這種蕨類植物，葉片呈深綠色且耐日光，具有厚實又特別壯碩的獨特外型，並呈放射狀展開。莖部密覆具有膜質、表面粗糙又大片的棕色鱗片。除了北海道中北部，主要生長於日本全國各地的海岸斷崖，或光線明亮的樹林底下；總之，只要環境日照充足它就能自在生長，在蕨類植物中算是異類。

此外，全緣貫眾蕨亦分布於朝鮮半島、中國大陸東部至南部，還有越南、

臺灣和印度，並且也歸化於夏威夷、美洲大陸和歐洲。至於日文名爲「鬼藪蘇鉄」（*Cyrtomium falcatum*（L.f.）C. Presl subsp. *littorale* S. Matsumoto）者，此身形嬌小、又屬於二倍體植物的亞種，則是現蹤於沐浴著潮水的海岸。

2008年10月15日攝於東京都

5

海邊的縫隙植物

　　並非只有都市地區或住宅區，才看得到縫隙中的花草。只要是在原本的生育地，植物都很懂得活用縫隙的空間。這個單元將透過海邊的植物，來介紹好幾種這類型實例。

　　照片中的植物為岩大戟（*Euphorbia jolkinii* Boiss.），分布於日本關東南部以南至沖繩、臺灣，以及朝鮮半島南部，為大戟屬（*Euphorbia*）種類。它深具活用岩石縫隙的特性，經常於海岸的岩壁或珊瑚礁現蹤跡。

上圖：岩大戟，2005年2月24日攝於沖繩與那國島

濱防風

日名：ハマボウフウ／ 學名：*Glehnia littoralis* F. Schmidt ex Miq. ／ 科名：繖形科

　　濱防風（日文名爲「浜防風」），屬於根莖會深植於沙灘中成長的繖形科植物，葉與花具有緊貼沙地表面生長的特質。新芽會散發獨特香氣，且深具口感，很適合當作生魚片的配菜。

　　濱防風與一般繖形科植物一樣，在開出排列成笠狀的眾多小花之後，便散布大量的果實，只要附近有舒適的場所就會立刻溜進去好好利用。左頁照片是與濱防風親緣很近的「日本前胡」（*Peucedanum japonicum* thunb.），它生長在海岸岩石的縫隙中，隨著根部逐漸肥大，粉質的岩石也跟著一起崩塌，因此可清楚看見原本位於底下的根部模樣。

　　濱防風遍布日本全國各地，此外也分布於千島列島至朝鮮半島，以及中國。

左頁圖：與濱防風親緣很近的「日本前胡」，2007年12月1日攝於神奈川縣
上圖：濱防風，2013年6月9日攝於神奈川縣

疏花佛甲草

日名：タイトゴメ／學名：*Sedum uniflorum* Hook. & Arn. subsp. *Oryzifolium* (Makino) H. Ohba ／科名：景天科

　　疏花佛甲草，分布於日本關東以西至奄美大島，以及朝鮮半島的海濱，是主要棲息於沙灘的多肉植物。其日文名「大唐米」，來自它宛如米粒的細小葉片。它的莖部匍匐於地面，枝梢短小直立。初夏時，枝梢末端會綻放鮮黃色的鮮豔花朵，組成群落後，看起來十足嬌豔。在原生地海邊附近的石牆縫隙，就可看見疏花佛甲草。

　　它抗乾燥，也抗海風，耐寒性強，所以也很適合盆植觀賞。伊豆七島的海邊亦有疏花佛甲草族群，只是目前尚未確定是本種，還是類似的松葉佛甲草（*Sedum japonicum* Sieb. ex Miq.）。照片中所拍攝到的，似乎是人為種植於磚頭洞穴內的疏花佛甲草。

上圖：2002年6月攝於愛知縣

香附子

日名：ハマスゲ / 學名：*Cyperus rotundus* L. / 科名：莎草科

　　正如日文名「浜菅」所示，香附子是一種大多生長於海濱的莎草類植物。如果是在靠海地區，也經常現身農地或路邊。

　　其根莖分布於地底下，在沙地中縱橫生長；根莖末端形成的塊莖部分，則會被用來做成中藥材，其中含有「α-cyperone」等有效精油成分。

　　香附子在日本國內，分布於關東以西、四國、九州及西南群島，此外也廣泛分布於其他副熱帶至熱帶地區。

上圖：2003年8月攝於鹿兒島縣的口永良部島

山繡球

日名：ガクアジサイ ／ 學名：*Hydrangea macrophylla* (Thunb. ex Murray) Ser. f. *normalis* (Wilson) Hara ／ 科名：八仙花科

　　近年來，在梅雨季節盛開於庭院的繡球花，接受了各種交配試驗，陸續培育出了具千變萬化色彩及外型、過去無法想像的眾多豐富品種。其中最原始的種類，便是原生於日本關東至伊豆半島，伊豆七島至小笠原群島海岸地區的──山繡球（日文名為「額紫陽花」）。

　　山繡球的葉片具毒性，不適合用來搭配料理。但儘管它是這麼貼近日常生活的毒性植物，至今卻幾乎沒聽過任何受害案例；由此可見，對待危險物品時，與其不分青紅皂白的排斥或恐懼，用對的方法應對才更重要。

上圖：2013年5月27日攝於東京都伊豆七島的神津島

文珠蘭

日名：ハマオモト／學名：*Crinum asiaticum* L.／科名：石蒜科

文珠蘭，在日本被稱爲「浜木綿」，分布於亞洲各地的溫暖海岸，在日本國內則主要生長在面對黑潮、以沙灘爲土的沿岸地區。花香芬芳。

像是照片中的文珠蘭，便靈活利用了沙灘步道的洞穴來生活。

上圖：文珠蘭的花，2003年8月攝於鹿兒島縣種子島；下圖：2002年10月攝於鹿兒島縣

烏芙蓉

日名：イソマツ／學名：*Limonium wrightii* (Hance) Kuntz／科名：藍雪科

　　生長於磯岩上的烏芙蓉，模樣看起來像盆植的松樹般硬挺結實，因此在日本名為「磯松」。不過，由於烏芙蓉已成為日本環境省紅皮書中的易危物種[1]，因此很難遇到可讓人體會松樹風情的大型植株。

　　烏芙蓉喜歡生活在受到海水拍打的珊瑚礁岩縫隙，由於成長速度緩慢，即使乍看很小一株，但只要探頭瞧瞧植株底部，就能意外發現它粗壯漆黑的枝幹。其葉片扁平，葉端寬大，外型相當獨特；呈粉紅或黃色的花，會開在以掃帚狀散開的枝梢上，整株植株除了枝幹，其他部分看起來都與松樹的模樣天差地遠。

　　至於常被製成乾燥花的星辰花（*Limonium sinuatum* (L.) Mill.）與本種為同屬，只要看看那些小花，應該就能察覺它們兩者之間的類緣關係。

　　烏芙蓉分布於伊豆群島、小笠原群島、屋久島及琉球列島，屬藍雪科。

◆**易危物種**（Vulnerable）：為瀕危物種紅皮書中的分類之一，意指某些快成為「瀕危物種」的現存物種。

　　上圖：2002年10月3日攝於鹿兒島縣的屋久島

濱旋花

日名：ハマヒルガオ / 學名：*Calystegia soldanella* (L.) Roem. et Schult. / 科名：旋花科

　　濱旋花（日文名為「浜昼顔」），是廣泛分布於日本北海道至沖繩，以及太平洋沿岸地區至澳洲、美國太平洋沿岸和歐洲的海濱型種類。在日本琵琶湖等內陸湖畔，也可見其蹤跡。濱旋花普遍喜歡沙灘，根部大多可深入沙地深處生長，有時也會現身礁石，或海邊附近的柏油路縫隙裡。

　　濱旋花是旋花（*Calystegia pubescens* Lindl.，詳見P.17）的同伴，其葉片厚實小巧，耐夏日海邊的強烈日照，也能忍受乾燥環境，有充分的能力可活用縫隙空間。盛開的花比葉片要大上許多，觀賞價值很高。

上圖：2013年5月25日攝於東京都伊豆七島的神津島

雞觴刺

日名：シマアザミ
學名：*Cirsium brevicaule* A. Gray
科名：菊科

雞觴刺（日文名為「島薊」），分布於奄美大島至沖繩，是性格強韌的薊屬（*Cirsium*）植物。

日本的薊，種類數量相當繁多，其中多屬山地型植物；僅本種以及現身於九州以北的濱薊（*Cirsium maritimum* Makino）能在海岸現蹤。這兩者皆具光滑厚實、且附銳利尖刺的葉片。本種會利用珊瑚礁縫隙來生活，無論是熱帶的直射陽光，還是強勁海風，對它而言都算不上什麼。由於周圍不會出現什麼無法忍受此種環境的軟弱植物，這使得雞觴刺可以凜然站挺身子開花。

2005年2月24日攝於沖繩縣與那國島

蒔艾

日名：モクビャッコウ
學名：*Crossostephium chinense* (L.) Makino
科名：菊科

　　蒔艾（日文名為「木白香」），葉片披有銀毛，並具獨特香氣；雖為樹木，但長得跟花草一樣嬌小，在市面上也會作為盆植的觀葉植物加以販售。蒔艾[1]的原生環境為日本國內的西南群島，以及臺灣或東南亞地區隆起的珊瑚礁岩，其根部會緊緊深入珊瑚礁岩中，無法輕易拔除。

　　儘管沙地上也見得到蒔艾的蹤跡，但生長在那種扎根容易的地方，只要一遇上洶湧波濤就會立刻被大浪捲走，成為海中碎屑。看來，要在經常受颱風侵襲的原生地生活，得牢牢霸占好縫隙，才是安全上策。

2005年2月24日攝於沖繩縣與那國島

◆蒔艾：蒔讀作「奇」。

海濱狗尾草

日名：ハマエノコロ／學名：*Setaria viridis* (L.) P. Beauv. var. *pachystachys* (Franch. & Sav.) Makino & Nemoto／科名：禾本科

一般俗稱「逗貓棒」的狗尾草（詳見P.27），最近經常被拿來當作研究材料，用以調查稱爲「C4型的高效率光合作用結構」。這種狗尾草廣泛分布於北半球，亞洲產與歐洲產的植株模樣亦有些許差異。

在亞洲產之中，就有一種分布於日本海岸地帶、植株矮小的海濱型品系——海濱狗尾草（日文名爲「浜狗尾」）。儘管外觀會依海岸的特性不同而有眾多變化，但海濱狗尾草都能適應強勁海風，降低其植株高度，不與風較勁。

2003年8月攝於鹿兒島縣的口永良部島　　　　2012年6月28日攝於東京都伊豆七島的神津島

羅紗麻

日名：ラセイタソウ
學名：*Boehmeria biloba* Wedd.
科名：蕁麻科

羅紗麻（日文名為「羅背板草」），海岸性植物的代名詞，分布於北海道南部至紀伊半島的海岸附近。由於葉面布滿沿著網狀葉脈發展的細小凹凸，只要看過一次就很難認錯。我從小就覺得羅紗麻十分特別，這是我很喜歡的植物種類，它的葉片模樣宛如皺葉甘藍（*Brassica oleracea* L.）。

羅紗麻喜歡的環境並非沙灘，而是岩岸或海岸崖地的岩石裂縫，因此就算是在內陸地區，它也經常入侵石牆的縫隙。其葉面具有豐富的起伏構造，即使在炎夏的海邊受到強光直射，它凹凸不平的表面也能緩和光線強度，保護葉片不受傷害。

2013年5月26日攝於神奈川縣

太平洋菊

日名：イソギク
學名：*Chrysanthemum pacificum* Nakai
科名：菊科

太平洋菊（日文名為「磯菊」），原生於犬吠埼至御前崎◆的太平洋沿岸，菊屬植物的一種。

其密生於葉片背面的銀毛，會生長到表面的葉緣上，讓葉片看起來好像鑲了白邊，觀葉價值極高。太平洋菊與親緣很近的菊花不同，僅具有管狀花（詳見P.89注釋），花也只有黃色一種顏色，看起來很不起眼；但由於它是海濱植物，不但植株嬌小，強韌特質與生即具，因此也很適合用來栽培觀賞。

2007年12月1日攝於神奈川縣

此外，太平洋菊與菊花之間的種間雜種，也是從過去就開始接受園藝化的培育。在日照環境良好的海岸崖地上，經常可見太平洋菊像照片中那樣，扎根在岩石縫隙中生長。

◆犬吠埼至御前崎：犬吠埼，位在東京都以東、千葉縣境內東北邊的銚子市，是關東地方最東邊的半島，為一海蝕高地。御前崎，位在東京都西南方、靜岡縣南邊的一座海濱城市。意即，由北向南、介乎兩地之間的太平洋沿岸。

6

高山的縫隙植物

在山岳地帶，隨處可見有著堅硬岩石的縫隙環境。尤其在森林界限（forest limit）以上的岩地，由於土壤較少，縫隙才是植物的主要生活場所，因此高山地帶可說是縫隙植物的寶庫。放眼望去，即能看見不少縫隙植物的身影。這是本書最後一個單元，就來介紹一些每年夏天都會在此環境開花的高山植物。

照片中的白花，是「大果米努草」（*Minuartia macrocarpa*（Pursh）Ostenf. var. *jooi*（Makino）H. Hara，相關介紹見P.164）；黃花則是「高山兔仔菜」（*Ixeris dentata*（Thunb.）Nakai subsp. *alpicola*（Takeda）Kitam.）。

上圖：2010年8月3日攝於八岳的山頂（盤據長野縣、山梨縣的山群）

玉山抱莖籟簫

日名：ヤマハハコ／學名：*Anaphalis margaritacea* (L.) Benth. et Hook. fil. ／科名：菊科

　　從山上標高相當低的地方乃至高山地帶，皆可看到本種（日文名為「山母子」），是適應範圍廣泛的一種植物。其包裹住頭狀花的總苞（詳見P.97），質感乾燥，可直接拿來當作乾燥花；原生於日本本州的長野、石川縣以北至北海道，以及千島群島、堪察加半島、中國和喜馬拉雅山。分布於日本本州中部山岳地帶。

　　本種移動到平地後，便出現了可適應河原沙地的「河原抱莖籟簫」[1]（*Anaphalis margaritacea*（L.）Benth. et Hook. fil. subsp. *yedoensis*（Franch. et Savat.）Kitam.），長得不但比玉山抱莖籟簫還要高大，且多分枝，葉片也較細。

它們兩者皆擅長生活在岩石縫隙，或是柏油路的龜裂裡。

◆河原抱莖籟簫：日名為「カワラハハコ」。「カワラ」（河原），「ハハコ」（抱莖籟簫）。

左頁圖：2003年7月27日攝於長野縣的御嶽山
上圖：玉山抱莖籟簫的頭狀花，2009年9月3日攝於八岳（盤據長野縣、山梨縣的山群）

多花繁縷

日名：イワツメクサ
學名：*Stellaria nipponica* Ohwi
科名：石竹科

多花繁縷（日文名為「岩爪草」），具多花性，植株和花卉都比生活在平地的瓜槌草（*Sagina japonica*（Sw. ex Steud）Ohwi）還要大型許多。儘管與瓜槌草同為石竹科，卻非隸屬於瓜槌草屬（*Sagina*），而是親緣相近的繁縷屬（*Stellaria*）成員，分布於日本本州中部山岳地帶。

在這個山區裡，若在夏天看到具有長條葉片、並且開著輕盈白花的植物，那一定就是本種了。至於生長在高山區的其他類似種，還有——米努草屬（*Minuartia*）的「大果米努草」（*Minuartia macrocarpa*（Pursh）Ostenf. var. *jooi*（Makino）H. Hara，照片見P.161）、「北極米努草」（*Minuartia arctica*（Steven ex Ser.）Graebn. var. *hondoensis* Ohw）等植物。

本種乍看雖有十片花瓣，但實際上只有五片，每片花瓣都具有深深的二裂。

2003年8月7日攝於乘鞍岳（長野縣、岐阜縣的交界）

高山翻白草

日名：ミヤマキンバイ
學名：*Potentilla matsumurae* Th. Wolf
科名：薔薇科

　　高山翻白草，由於有很多生長在高山區的花都呈黃色，很容易讓人搞錯植物種類；不過只要仔細瞧，就能發現每種植物的葉片和花形都各有特色，只要抓到訣竅很容易就能分辨。

　　本種喜歡生長在高山區的砂礫地帶，與生長在平原地區的「蛇莓」（*Potentilla hebiichigo* Yonek. et H. Ohashi）為同屬。知道這兩種植物之間的關係後，即使高山翻白草的花色比蛇莓更加濃郁鮮明，不過從它三片小葉所組成的葉片、以及具五片凹陷花瓣的特色來看，多少感受得到蛇莓的影子。高山翻白草，之所以具有厚實又富光澤的葉片，是為了適應高山地區的強烈日照。

　　除了北海道、日本本州中部的山岳地帶，高山翻白草也分布於庫頁島、千島群島和濟州島。

2007年攝於長野縣的美原高原

玉山筷子芥

日名：ミヤマハタザオ ／ 學名：*Arabidopsis lyrata* (L.) O'Kane & Al - Shehbaz subsp. *kamchatica* (Fisch. ex DC.) O'Kane & Al-Shehbaz ／ 科名：十字花科

玉山筷子芥（日文名為「深山旗竿」），是全球各地都在進行研究的實驗植物，與葶藶（詳見P.110）為同屬植物。儘管過去被列屬為筷子芥屬（*Arabis*），但經過分子系統學的解析後，已更改為葶藶屬。而原生於日本的種類，目前推測，是由原生於歐洲的「筷子芥」（*Arabidopsis lyrata*（L.）O'Kane & Al – Shehbaz），與「葉芽筷子芥」（*Arabidopsis halleri*（L.）O'Kane & Al-Shehbaz subsp. *gemmifera*（Matsum.）O'Kane & Al-Shehbaz）雜交後，所誕生的種類。

玉山筷子芥分布於北海道、本州、四國的山岳地帶，經常在稜線上的登山小屋附近茂盛生長。照片中的它則生長於停車場附近的石頭縫隙，看來，它似乎比較喜歡有人煙的環境。其花色呈白色，又帶點淡淡的粉紅薰衣草色。

2003年8月7日攝於乘鞍岳（長野縣、岐阜縣的交界）

高山兔仔菜

日名：タカネニガナ ／ 學名：*Ixeris dentata* (Thunb.)
Nakai subsp. *alpicola* (Takeda) Kitam.
科名：菊科

一般的兔仔菜（*Ixeris dentata* (Thunb.) Nakai，詳見P.106），是生活在平地或山地，高山兔仔菜則是其高山亞種。兔仔菜的葉片和花莖，整體較爲細軟，枝節間距看起來也稍長；而本種是生活在日照強烈、又有強風的高山地帶岩稜區，因此植株嬌小堅韌，葉片厚實短小，讓它的花看起來更加鮮明奪目，像極了其他植物。

高山兔仔菜，能自在活用高山帶的岩石間縫及崖地，廣泛分布於日本本州至九州的山岳地帶。花凋謝後，其具冠毛、又宛如縮小版蒲公英的果實，會乘著風四處散落。

2009年9月2日攝於八岳（盤據長野縣、山梨縣的山群）

地椒

日名：イブキジャコウソウ ∕ 學名：*Thymus quinquecostatus* Celak. ∕ 科名：唇形科

　　地椒，常見於高山地帶的荒蕪礫地，以及亞高山帶的草地。製作小羊料理時，拿來當作香草使用的百里香（*Thymus vulgaris* L.），與地椒是極為相近的近緣種，香氣聞起來也十分相似。

　　百里香，正如其日文名「立麝香草」，莖部直立，且易結成束，但本種基本上卻匍匐於地面生長。地椒具多花性，觀賞價值高，只要稍微碰一下它茂密叢生的植株，就會散發濃烈香氣。它原是生活在山裡的植物，但由於不太怕平地的炎熱，也常被用於園藝用途。

　　地椒的日文名是「伊吹麝香草」，其中的「伊吹」，乃源於離京都很近的滋賀縣伊吹山。儘管地椒在日本國內廣泛分布於北海道至九州，但京都人第一次見識到地椒，應該大多是在他們最熟悉、最親近，而且又有豐富植物種類的伊吹山上。順帶一提，我個人是在長野縣的白馬村首次見到地椒的。

　　此外，它也分布於朝鮮半島、中國，乃至喜馬拉雅山。

左頁圖：2009年9月2日，攝於八岳山頂（盤據長野縣、山梨縣的山群）
上圖：2010年8月2日攝於八岳山麓（盤據長野縣、山梨縣的山群）

深山水楊梅

日名：ミヤマダイコンソウ／學名：*Geum calthifolium* Menzies ex Sm. var. *nipponicum* (F. Bolle) Ohwi／科名：薔薇科

　　深山水楊梅（日文名為「深山大根草」），具有鮮濃光澤的葉片，以及金黃鮮明的花色，是夏日妝點山林的高山植物。分布於北海道至本州的山岳地帶，以及四國的石鎚山，在千島群島也看得到蹤跡。

　　深山水楊梅與日本水楊梅（*Geum japonicum* Thunb.，詳見P.31）為同屬近緣種，不過現身於低山地帶的日本水楊梅，植株較爲軟弱，喜林地及溪流附近環境；而本種則喜礫岩地帶中日照良好的場所，色彩濃郁且植株強韌。

　　深山水楊梅從遠處看，不但顯眼，花量也繁多，且花期較長，夏天經常可在登山路線周圍見其身影。

上圖：2003年8月7日攝於乘鞍岳（長野縣、岐阜縣的交界）

本州紫斑風鈴草

日名：ヤマホタルブクロ ／ 學名：*Campanula punctata* Lam. var. *hondoensis* (Kitam.) Ohwi ／ 科名：桔梗科

　　一般的紫斑風鈴草為平地開花，本種則是它的山地型變種。本州紫斑風鈴草[1]的花色多為深濃色彩，植株低矮又少分枝，看得出是生長在山裡的植物。不過，也有像照片中那樣花色較淡的種類，草身高度也因土壤養分的影響而變化劇烈。分辨這兩者的一大關鍵，就是萼片的形狀——紫斑風鈴草的五片萼片之間，分別具有一片反捲的附屬片，但在本州紫斑風鈴草身上卻看不到類似的附屬片。

　　本州紫斑風鈴草的花莖，結完果實、散播了種子之後就會枯萎，不過根部會長出為隔年做準備的新芽，並且不斷在周圍擴展陣地。其分布於日本東北地區南部，以及近畿地區的亞高山帶至高山帶。

◆**本州紫斑風鈴草**：種小名「*hondoensis*」為「本州島的」之意。本州島，為日本最大島。

上圖：2010年8月2日攝於八岳山麓（盤據長野縣、山梨縣的山群）

屋久島杜鵑

日名：ヤクシマヒカゲツツジ ／ 學名：*Rhododendron keiskei* Miq. var. *cordifolia* Masamune ／ 科名：杜鵑花科

　　日本的高山植物，不只是出現在本州中部山岳地帶或北海道。像是屋久島杜鵑（日文名為「屋久島日陰躑躅」），就是屋久島（被列為「世界自然遺產」）上的固有變種，可在森林中見到它的身影，若在超越森林界限的高處，則大多生活於花崗岩的龜裂處。

　　整座屋久島就像一塊巨大花崗岩，因此屋久島杜鵑若要居住在山頂，勢必要利用岩石縫隙來生活。它習慣生長成小巧的植株，因此一直以來具有很高的園藝用途需求。

　　原變種，分布於日本關東至九州，屬杜鵑花科。

左頁圖：2009年5月16日攝於鹿兒島縣的屋久島
上圖：此為鹿兒島縣屋久島的「宮之浦岳」林線風景，是九州最高峰。
照片正中央的紫色部分，是原生種杜鵑。攝於2007年5月

鬍邊岩扇

日名：イワカガミ ／ 學名：*Shortia soldanelloides* (Siebold et Zucc.) Makino ／ 科名：岩梅科

　　從北海道至九州各地的山區，都看得見鬍邊岩扇（日文名為「岩鏡」）的蹤跡，是相當普遍可見的植物。從高度相對較低的山至高山地帶皆可適應，所分布的標高範圍十分廣泛。硬質葉片上帶有富光澤的赤紅，呈粉紅色的花也具有獨特外型，這些都讓鬍邊岩扇看起來特色十足，不太容易被認錯成其他種類的植物。

　　本文照片拍攝於鬍邊岩扇在屋久島上的原生地，屋久島同時也是鬍邊岩扇分布的最南限，且如同屋久島上的其他植物，植株都比生活在本州的種類還要嬌小許多。

　　儘管鬍邊岩扇可適應林地、坡地或岩石縫隙等各種地形，卻不喜乾燥，較偏好濕氣高的環境。照片中的它雖生長在岩石群上，任由風吹日曬，周圍似乎相當乾燥，然而這裡可是「一整個月當中，有三十五天都在下雨」的屋久島；況且，作為鬍邊岩扇原生地的山頂區域，一年到頭都籠罩在霧中，因此不需擔心它會缺少水氣。

左頁圖與上圖：2010年5月15日攝於鹿兒島縣的屋久島

◆這兩句話出自日本知名小說家林芙美子的作品《浮雲》，她還著有《放浪記》等作品。

日本馬先蒿

日名：ヨツバシオガマ
學名：*Pedicularis japonica* Miq.
科名：列當科

在高山地帶的花田中，日本馬先蒿[1]（日文名為「四葉塩釜」）乃是具有代表性的植物種類之一。除了紅紫品系的花，葉片也具有獨特的葉緣裂痕，觀賞價值高。夏季時，在日本的山裡，經常可看見同為馬先蒿屬（*Pedicularis*）的近緣種「深山馬先蒿」（*Pedicularis apodochila* Maxim.），以及「馬先蒿」（*Pedicularis verticillata* L.）。不過，本種所分布的標高範圍更廣泛，個體數也較多，並可依據葉形分辨出與前兩者的差異。

日本馬先蒿在日本，分布於本州中部山岳地帶，乃至北海道。此外，也分布於千島群島、堪察加半島，以及阿留申群島。過去在冰河時期，為了避寒而南下的日本馬先蒿，便成為了現在日本國內族群的祖先。它在過去被列為玄參科，現隸屬於列當科。

◆ **日本馬先蒿**：學名中的「*Pedicularis*」，中文為「馬先蒿屬」，而本種種小名「*japonica*」為「日本的」之意，故將此物種的中文名稱擬為日本馬先蒿。

2003年8月7日攝於乘鞍岳（長野縣、岐阜縣的交界）

山桔梗

日名：イワギキョウ
學名：*Campanula lasiocarpa* Cham
科名：桔梗科

　　山桔梗比起桔梗（*Platycodon grandifloras*（Jacq.）A. DC.），是與平地開花的「紫斑風鈴草」（*Campanula punctata* Lam.），以及亞高山帶的「本州紫斑風鈴草」（*Campanula punctata* Lam. var. *hondoensis*（Kitam.）Ohwi，介紹詳見P.171），更為近緣的高山植物。除了有淡藍色花色十分接近，也有照片中這種深紫色，依產地展現出各種類的特色。

　　山桔梗的管狀花，除了像照片中那種末端尖細的長條狀類型，也有尺寸短小、並張開花瓣的種類。近緣的「千島桔梗」（*Campanula chamissonis*）儘管也具有相同特色，但依然可根據花瓣邊緣有無鬚毛加以辨別（有毛的為千島桔梗，無毛的為山桔梗）。

　　山桔梗正如其名，經常現蹤於岩稜地的縫隙，此外也生長於登山步道旁的礫地。其分布在日本本州中部的山岳地帶，乃至北海道、千島群島、庫頁島、堪察加半島和阿拉斯加。

2010年8月3日攝於八岳（盤據長野縣、山梨縣的山群）

日名：チングルマ / **學名**：*Geum pentapetalum* (L.) Makino / **科名**：薔薇科

　　五瓣水楊梅[1]（日本名為「珍車」），是能為高山帶增添色彩的代表性花木之一，所有的日本高山植物圖鑑一定都會介紹它。五瓣水楊梅，其具有五瓣白色花瓣的花，會在初夏開遍大地；呈螺旋狀的披毛果實，則在盛夏期間吸引眾人目光；而葉片到了秋天，就會轉變成火紅的紅葉。五瓣水楊梅儘管植株低矮，有如匍匐於地面生長，實際上它可是貨真價實的灌木植物。

　　五瓣水楊梅在日本，分布於北海道至本州中北部的高山帶，此外也廣泛分布於庫頁島、千島群島，堪察加半島和阿留申群島。像是在阿拉斯加等北極圈周邊地區，就有些地方可看見它遍布整面大地的風景，但在每處高山帶規模都顯小的日本，實在很難看得到大規模的五瓣水楊梅群落。不過，在富山縣的立山，還是欣賞得到相當數量的個體。　　◆**五瓣水楊梅**：種小名「*pentapetalum*」，為「五片花瓣」之意。

上圖：2005年9月24日攝於富山縣的立山。金色部分為地衣。

特別專欄

縫隙自成生態系統

當豹斑蝶幼蟲遇上藍菫菜，好吃！

　　縫隙環境中，並非只有植物才是贏家。有時，縫隙也會成為生態系統中的重要一環。這裡先以經常現身街頭縫隙、屬於外來種的菫菜植物——「藍菫菜」（*Viola sororia = Viola papilionacea*）為例。

　　即使像藍菫菜這種繁殖力旺盛的歸化植物，有時葉片仍滿是被啃食過的痕跡，至於行凶的犯人，則是——豹斑蝶的同夥。豹斑蝶類的蝴蝶，在幼蟲時期就是吃菫菜植物的葉片長大的，常見於山村或高原地帶等草原多的環境。不過，近年來也常在街頭現蹤，像是東京都內特別常見的種類，正是嬌豔亮眼的黑端豹斑蝶。

左圖：藍菫菜，屬菫菜科，2003年4月攝於愛知縣
右圖：位於縫隙中，受黑端豹斑蝶幼蟲啃食過的藍菫菜。2014年10月17日攝於東京都

縫隙，讓植物、昆蟲、動物生生不息！

　　儘管豹斑蝶的幼蟲如今應該都已適應了市區環境，會開始吃種植於花圃中的「三色菫」（Viola × wittrockianam, pansy）或「香菫菜」（皆為菫菜屬），但我猜測，生長在縫隙中的菫菜類植物，應該也是牠們重要的覓食來源。

　　豹斑蝶的翅膀雖有人人喜愛的美麗圖案，其幼蟲卻長得又黑又紅，是除了昆蟲愛好人士以外應該沒人會喜歡的毛蟲。因此，當幼蟲現身花圃等地，不但會被立刻驅逐出境，而種植在這種公共場所的三色菫等植物，也是一凋謝、就會馬上被收拾得一乾二淨；此種覓食場所對幼蟲來說，顯然也不是太優良。從這個角度來看，縫隙的存在，不但不會引起注意，也不會受到任何管理。正因為有個體群發現了這項優點，便開始在街頭繁殖，才讓豹斑蝶成為現身東京都心的蝴蝶。

左圖：黑端豹斑蝶的幼蟲，2014年10月17日攝於東京都
中圖與右圖：黑端豹斑蝶的成蟲，2014年10月17日攝於東京都
右頁上圖：正在吸取酢漿草花蜜的藍灰蝶，2010年7月10日攝於愛知縣

　　菫菜植物利用縫隙優勢來討生活，豹斑蝶的幼蟲吃菫菜植物長大，成蟲則飛舞在縫隙或花圃間吸食花蜜，還能幫助果實結成。此外，對日本山雀等鳥兒來說，無論是豹斑蝶的幼蟲或成蟲，也都是牠們餵食雛鳥的重要餌食；而正因為有這些餌食，才讓鳥兒得以現身東京都心啼叫。

蝴蝶飛、鳥兒叫，「及格」的都市綠意空間

　　至於生長於縫隙的酢漿草（*Oxalis corniculata* L.），還有以其為食的藍灰蝶幼蟲，兩者之間也有類似關係。像是非人為種植的三色菫與酢漿草等歸化植物，若遍尋不著縫隙，它們就沒辦法在都市裡生活；而如果缺乏孕育這些食草的場所，毛蟲也無法成長為蝴蝶，最後，當然也沒有鳥兒想靠近。

　　花木排列得齊整、配上大小形狀一致的草株，這種不見昆蟲與鳥兒的「綠意空間」，看起來實在太冷清。要想讓這種地方變成有蝴蝶飛舞、鳥兒啼叫的親近空間，縫隙，實扮演著相當重大的角色。縫隙，能維持街頭生物多樣性，是生態系統中的一大重要元素！

後記

縫隙植物與人之間，存在著密切互惠關係

在溫暖潮濕的日本，只要沒有人為干預，平原就會自然而然被森林覆蓋，進而造就出草木蓊鬱的空間。在這種光線微弱的場所，僅某些具備特別資質的植物才有辦法過活（需要充足陽光才能生活的植物，根本無法在這種環境底下生存）。因此，當人們打造出了都市，也等於為這類資質特殊的植物提供了新居所。

植物為了追求光線，經常被迫與比鄰而居的同胞競爭。也因如此，植物具有分辨光線品質的能力，以及在陰暗環境中莖部會變細長的特質，還有當光線從斜邊方向照射過來、會自然而然朝光源方向彎曲生長的習性。可以說，植物活著的每一天，無不得勞心費力監測環境，並改變其身體位置以追求良好光線。這樣看來，周圍被水泥柏油或磚瓦岩石包圍的縫隙環境，便成了能讓植物放下這些每日課題的新天地。

當然也有很多植物像眾多蕨類植物一樣，會在演化歷史中逐漸退出追求陽光的競爭行列，它們選擇在陰暗處花時間慢慢儲備能量，以這種方式來生存。即使是微弱到連其他植物都會先吸收了再說的光線，它們也會仔細的進行光合作用。但若身處在會被燦爛光線照射、曝曬得毫無遮蔽的縫隙環境中，這類植物反而無法好好運用過多又刺眼的光線，甚至還會受到傷害。難道，這類植物不喜都市裡的縫隙環境？

然而正如書中內容所述，對這類像蕨類的植物來說，縫隙仍算是很不錯的環境——即使是商辦區域的縫隙，還是會有能躲在大樓影子底下、不會一直被陽光曝曬的場所；就算是住宅區（像是民宅後方或巷弄），也還是有許多陽光無法直射的空間。在這些各具不同光線強度的場所，自會冒出各種適合不同光線環境的植物來討生活。更剛好的是，這類場所的濕度通常也都很高，能讓喜陰暗處的植物過得相當快活。

由於都市提供了許多縫隙環境，進而讓各角落增添了豐富綠

2014年11月12日攝於愛知縣

意，甚至超乎人們原先對都市計畫的預料。以這種方式意外孕育出的綠意種類，大幅提升了依都市面積比例計算的植物種類多樣性；而只要植物種類多樣性提升了，其他生物也會自然而然慢慢增加。對人類來說植物超乎預料的生長了出來，自然也會出現超乎植物預料的生物——就像前一個〈特別專欄〉所介紹那樣，會另外吸引蝴蝶等生物造訪。而這些有蝴蝶的地方，想必也會招來需養兒育女的鳥兒吧！

像蝴蝶或鳥兒等這類非都市居民的生物，正是所謂「自然」的真實原貌。縫隙植物，不僅是脫離人類管理、得以自在生活的植物，同時也代表了自然本身；而在縫隙植物身邊，又會吸引更多自然生物聚集。可以說，縫隙的存在，能夠為都市帶來真實自然的生態棲位（Ecological niche）。

人類為植物帶來得以生活的縫隙，縫隙植物便為都市招來真正的自然作為回禮。如果這不是互惠關係，什麼才是？縫隙植物的世界，正是圍繞著人類的自然世界。

最後獻上謝辭

一年前出版的前作《縫隙花草圖鑑》，有幸獲得了眾多讀者迴響，在各方善意促成下，又有了這本《縫隙中的花草世界》問世。無論是前作還是本書，都非常感謝各位讀者的支持。與前作一樣，本書依然由酒井孝博先生擔綱責任編輯。我想對他那令人放心的編輯功力致上感謝與敬意，此外也感謝日日以各種形式為我帶來無窮樂趣的植物。希望本書可以讓各位讀者逐漸體會生活中存在著植物的樂趣。

塚谷裕一　寫於2015年2月

索引

好讀出版 小宇宙‧綠01

縫隙中的花草世界

作　　者／塚谷裕一
譯　　者／許展寧
審　　定／廖仁滄
總 編 輯／鄧茵茵
文字編輯／簡伊婕
美術編輯／許志忠
行銷企劃／劉恩綺

發 行 所／好讀出版有限公司
台中市407西屯區何厝里19鄰大有街13號
TEL:04-23157795　FAX:04-23144188
http://howdo.morningstar.com.tw
(如對本書編輯或內容有意見,請來電或上網告訴我們)
法律顧問／陳思成律師

戶名／知己圖書股份有限公司
劃撥帳號：15060393
服務專線：04-23595819 轉230
傳眞專線：04-23597123
E-mail：service@morningstar.com.tw
(如需詳細出版書目、訂書、歡迎洽詢)
晨星網路書店：www.morningstar.com.tw

印刷／上好印刷股份有限公司　TEL:04-23150280
初版／西元2016年7月1日
定價／350元
如有破損或裝訂錯誤,請寄回台中市407工業區30路1號更換(好讀倉儲部收)

國家圖書館出版品預行編目資料

縫隙中的花草世界／塚谷裕一著；許展寧譯
—— 初版 —— 臺中市：好讀,2016.07
面：　公分,——（小宇宙；綠；01）
譯自：カラー版：スキマの植物の世界
ISBN　978-986-178-383-3（平裝）
1.植物志　2.日本
375.231　　　　　　　　　　　105004205

只要寄回本回函，就能不定時收到晨星出版集團最新電子報及相關優惠活動訊息，並有機會參加抽獎，獲得贈書。因此有電子信箱的讀者，千萬別吝於寫上你的信箱地址。

書名：縫隙中的花草世界

姓名：_____　性別：□男 □女

生日：_____年_____月_____日　教育程度：_____

職業：□學生　□教師　□一般職員　□企業主管

　　　□家庭主婦　□自由業　□醫護　□軍警　□其他 _____

電子郵件信箱（e-mail）：_____

電話：_____

聯絡地址：□□□□□

_____

你怎麼發現這本書的？

□學校選書　□書店　□網路書店_____

□朋友推薦　□報章雜誌報導 □其他 _____

買這本書的原因是：_____

□內容題材深得我心　□價格便宜　□封面與內頁設計很優　□其他 _____

你對這本書還有其他意見嗎？請通通告訴我們：

_____

_____

你購買過幾本好讀的書？（不包括現在這一本）

□沒買過 □1～5本 □6～10本 □11～20本 □太多了

你希望能如何得到更多好讀的出版訊息？

□常寄電子報　□網站常常更新　□常在報章雜誌上看到好讀新書消息

□我有更棒的想法 _____

最後請推薦幾個閱讀同好的姓名與E-mail，讓他們也能收到好讀的近期書訊：

_____

_____

我們確實接收到你對好讀的心意了，再次感謝你抽空填寫這份回函，請有空時上網或來信與我們交換意見，好讀出版有限公司編輯部同仁感謝你！

好讀的部落格：howdo.morningstar.com.tw

好讀的粉絲團：www.facebook.com/howdobooks

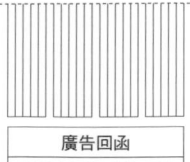

廣告回函
臺灣中區郵政管理局
登記證第3877號
免貼郵票

好讀出版有限公司　編輯部收

407 台中市西屯區何厝里大有街13號

電話：04-23157795-6　傳眞：04-23144188

沿虛線對折

買好讀出版書籍的方法：

一、先請你上晨星網路書店 http://www.morningstar.com.tw
　　檢索書目或直接在網上購買

二、以郵政劃撥購書：帳號15060393　戶名：知己圖書股份有限公司
　　並在通信欄中註明你想買的書名與數量

三、大量訂購者可直接以客服專線洽詢，有專人為您服務：
　　客服專線：04-23595819轉232　傳眞：04-23597123

四、客服信箱：service@morningstar.com.tw